JULES DUPUIT

ÉTUDES
THÉORIQUES ET PRATIQUES
SUR LE MOUVEMENT
DES EAUX COURANTES

SUIVIES DE
CONSIDÉRATIONS RELATIVES AU RÉGIME DES GRANDES EAUX
AU DÉBOUCHÉ À LEUR DONNER
ET À LA MARCHE DES ALLUVIONS DANS LES RIVIÈRES À FOND MOBILE

Elibron Classics
www.elibron.com

Elibron Classics series.

ISBN 0-543-97502-9 (paperback)
ISBN 0-543-97501-0 (hardcover)

This Elibron Classics Replica Edition is an unabridged facsimile
of the edition published in 1848 by Carilian-Goeury et V^{or} Dalmont, Paris.

ÉTUDES

THÉORIQUES ET PRATIQUES

SUR

LE MOUVEMENT DES EAUX COURANTES.

ANGERS. — E. BARASSÉ, IMPRIMEUR-LIBRAIRE, RUE St-LAUD.

ÉTUDES

THÉORIQUES ET PRATIQUES

SUR LE MOUVEMENT

DES EAUX COURANTES,

suivies de

CONSIDÉRATIONS RELATIVES AU RÉGIME DES GRANDES EAUX,
AU DÉBOUCHÉ A LEUR DONNER,
ET A LA MARCHE DES ALLUVIONS DANS LES RIVIÈRES A FOND MOBILE;

PAR J. DUPUIT,

ANCIEN ÉLÈVE DE L'ÉCOLE POLYTECHNIQUE, INGÉNIEUR EN CHEF DES PONTS ET CHAUSSÉES.

PARIS,
CARILIAN-GOEURY ET V^{or} DALMONT,
LIBRAIRES DES CORPS DES PONTS ET CHAUSSÉES ET DES MINES,
QUAI DES AUGUSTINS, 39 ET 41.

—

1848.

AVANT-PROPOS.

Une foule de questions de l'art de l'Ingénieur des Ponts et Chaussées dépendent de la théorie du mouvement des eaux courantes. Les ponts, les digues, les écluses, les barrages, les épis et tous les travaux si nombreux que l'on exécute dans les vallées ont en général pour résultat de changer le régime des cours d'eau qui les parcourent; il est donc essentiel de calculer les dimensions de ces divers ouvrages sur le régime actuel des rivières, ou sur celui qu'elles doivent produire. Notre but dans ces Etudes est de faire connaître les ressources que la théorie peut offrir à la pratique dans ces sortes de questions. Nous avons voulu, soit en reproduisant les anciennes formules, soit en en proposant de nouvelles, indiquer d'une manière précise le degré d'exactitude et les limites d'application de chacune d'elles, ce qu'il est toujours indispensable de savoir pour en faire un usage rationnel. Lorsque malheureusement l'état de la science ou l'incertitude des données dont on dispose ne permet pas d'arriver à un résultat exact, il faut que l'Ingénieur en soit averti, pour qu'il puisse exagérer les chiffres obtenus dans un sens ou dans l'autre et se mettre ainsi à l'abri de toutes les chances d'erreurs possibles ; il faut que la théorie sache mettre à profit ce qu'il y a d'inconnu dans le problème pour substituer à un échafaudage de laborieux calculs qui ne peut conduire à la vérité, des procédés et des formules beaucoup plus simples qui n'y arriveront pas davantage sans doute, mais qui en arriveront aussi près, plus vite et sans peine.

Pour remplir la tâche que nous nous sommes imposée, nous avons cru devoir étudier d'abord les propriétés mécaniques des fluides. Leur mouvement éprouve deux sortes de résistances distinctes : la première provient de la cohésion des molécules fluides entre elles ; la seconde, de leur adhérence aux solides le long desquels elles se meuvent. De l'analyse du phénomène du mouvement uniforme des fluides, nous déduisons les propriétés générales de ces deux résistances, de même que l'on pourrait conclure de la vitesse des solides qui glissent sur divers plans inclinés, les lois du frottement des solides. C'est ainsi que nous arrivons d'abord à démontrer que la formule si connue de M. de Prony :

$$\frac{\Omega}{\chi} i = \alpha U + \beta U^2$$

n'est exacte qu'autant que U exprime la vitesse à la paroi et que cette vitesse est la même pour tous les filets contigus à cette paroi ; de sorte que l'extension qu'on a donnée à cette formule pour en tirer la vitesse moyenne, n'est plus qu'une approximation plus ou moins grossière. Nous faisons voir ensuite que rien ne justifie l'hypothèse, admise par tous les hydrauliciens, d'une couche d'eau adhérente à la paroi sur laquelle s'opérerait le glissement, d'où l'on tirait cette conséquence, qu'on doit regarder maintenant comme très-douteuse, que toutes les parois se comportent de la même manière sous le rapport de la résistance qu'elles opposent au mouvement des fluides. Enfin nous établissons les propriétés générales et les expressions analytiques de la cohésion et de l'adhérence, et nous les comparons avec les notions physiques émises sur le même sujet par MM. de Prony, Navier et récemment par M. Sonnet. Ce dernier savant, dans un Mémoire, que nous avons le regret de ne connaître que par l'extrait inséré dans les *Comptes-rendus* de l'Académie des Sciences (1845, *page* 150), et par le rapport très-favorable dont il a été l'objet de la part des commissaires de l'Académie (1845, *page* 786), a repris le travail de M. Navier. Abandonnant le cas général traité par cet illustre Ingénieur, il a appliqué la considération de la différence des vitesses à quelques cas pratiques et en a déduit des formules qui nous paraissent de la plus haute importance. Nous avons voulu les rapporter textuellement à la suite de cet ouvrage, parce que entièrement conformes à celles que nous a données pour les mêmes cas une analyse différente, elles nous paraissent devoir confirmer l'exactitude de l'ensemble de nos résultats.

Lorsqu'on connaît la hauteur et la pente d'un canal de largeur indéfinie, la formule de M. de Prony avec des coëfficients convenablement déterminés, ne peut donner, comme nous venons de le dire, que la vitesse à la paroi qui est la plus petite de toutes les vitesses. Pour avoir celle des autres filets, il faut lui ajouter une quantité qui dépend à la fois de la distance de ces filets à la paroi et de la cohésion du fluide. Si, à partir d'une normale à la surface, on porte sur chacun des filets des longueurs proportionnelles à leurs vitesses, on forme une parabole dont le paramètre ne varie qu'avec l'inclinaison du canal. De l'aire du segment parabolique, on déduit immédiatement la vitesse moyenne de la section et son rapport avec la vitesse à la surface. Cette dernière vitesse est, en effet, une des données de toutes les questions d'hydraulique, parce que c'est un résultat d'observation assez facile à déterminer. Aussi depuis longtemps on a fait des expériences ou proposé des formules pour déterminer ce rapport, et tous les ouvrages d'hydraulique contiennent la table calculée par M. de Prony sur les expériences de Dubuat pour déduire la vitesse moyenne de la vitesse à la surface. Or si d'une part nous démontrons que ce rapport est compris entre $\frac{2}{3}$ et 1, nous faisons voir d'autre part qu'il croît ou décroît en sens inverse de la table de M. de Prony, à l'usage de laquelle on doit renoncer désormais. La vitesse moyenne n'est pas une fonction seulement de la vitesse à la surface, mais aussi de la pente et de la hauteur du canal ou de la vitesse à la paroi.

En résumé nous obtenons, entre la hauteur et la pente du canal, la vitesse à la surface, la vitesse moyenne et la vitesse à la paroi trois équations qui donnent toujours trois de ces quantités en fonction des deux autres, et qui résolvent par conséquent le problème pour le cas d'un rectangle indéfini. Nous établissons des formules semblables pour le cas du tuyau, du rectangle fini et du trapèze, et enfin d'une section quelconque. En comparant ces résultats avec ceux donnés par la formule de M. de Prony, nous faisons voir que les coëfficients de cette formule doivent varier d'une section à une autre, mais que cependant en prenant des valeurs moyennes on peut, comme approximation, appliquer cette formule à des parties de cours d'eau dans lesquelles la pente et la hauteur n'éprouvent pas de grandes variations ; qu'on a commis une étrange confusion en cherchant, comme l'a fait Eytelwein, à déterminer la valeur de ces coëfficients au moyen d'expériences variées dans lesquelles ils devaient avoir des valeurs très-différentes. Il suit de là, que la plus grande incertitude règne sur la valeur des coëfficients qu'on emploie, et qu'il ne faut accorder aux résultats de la formule de M. de Prony qu'une confiance très-limitée. Toute cette partie de l'hydraulique est donc à refondre sous le rapport expérimental. Il faut demander à un système d'expériences, dont nous traçons le programme : d'abord, les coëfficients constants qui déterminent la vitesse à la paroi; ensuite, le coëfficient de la quantité qui ajoutée à la vitesse à la paroi donne la vitesse moyenne, et enfin l'influence des variations de section des cours d'eau naturels, de manière à pouvoir passer des résultats théoriques, donnés par des formules qui supposent les filets parallèles, aux résultats réels. En attendant qu'un pareil travail ait été fait, les formules rationnelles établies dans ce premier chapitre peuvent servir à apprécier les circonstances où les anciennes formules sont plus ou moins exactes, et indiquer les limites des erreurs possibles.

Le second chapitre de ces Etudes est consacré au mouvement varié. La formule qui représente ce mouvement ne diffère de celle du mouvement uniforme, que par l'addition d'un terme qui exprime la variation de la force vive du produit du cours d'eau. On avait d'abord calculé ce terme en supposant que tous les filets étaient animés de la vitesse moyenne, mais M. Coriolis fit observer avec raison, qu'à cause de l'inégalité des vitesses, la force vive d'un cours d'eau était réellement plus considérable, et que par conséquent on devait augmenter ce terme au moyen d'un coëfficient de correction plus grand que l'unité. C'est ce qui est admis aujourd'hui dans tous les traités d'hydraulique. Nous faisons voir que c'est là une erreur qui tient à ce qu'on n'a pas tenu compte des variations que subissait la distribution des vitesses dans chaque changement de section, qu'en ayant égard à cette variation, le coëfficient de correction, qui doit multiplier la différence des forces vives de deux sections rapprochées, est une fraction. Du reste il résulte de cette discussion, que comme il est impossible de déterminer la vitesse de chacun des filets de la section irrégulière d'un cours d'eau naturel, même d'une manière approximative, toute solution qui reposera sur la différence de force vive de deux sections sera nécessairement erronée. Il ne faut donc s'attendre à quelque exactitude dans l'application de la formule du mouvement varié que dans le cas où les sections seront assez éloignées.

L'équation du mouvement varié avait déjà servi à calculer la surface d'un courant permanent dans un canal découvert, mais dans quelques cas particuliers seulement. Les méthodes de calcul longues et compliquées qui avaient été données n'étaient applicables qu'à des cas où précisément la formule du mouvement uniforme suffit; elles devenaient impraticables pour celui des grandes eaux, par exemple; nous faisons voir dans le troisième chapitre que la formule du mouvement varié représente toutes les surfaces sous lesquelles l'eau peut se mouvoir dans un canal. La section en changeant de forme, la pente en changeant d'intensité ne modifient que les coëfficients constants qui entrent dans l'équation générale et donnent lieu à des courbes qui, quoique géométriquement différentes, sont représentées analytiquement par une seule équation, comme les sections coniques le sont par l'équation générale du second degré. Les diverses variétés de cette courbe du remous nous paraissent donc mériter une étude particulière de la part des Ingénieurs; l'intégrale de l'équation se présente dans tous les cas sous une forme simple et commode pour le calcul. Dans les cours d'eau naturels dont la largeur est assez grande, la courbe du remous présente cette circonstance particulière qu'elle est toujours semblable à une courbe type qui aurait lieu dans un canal dont la hauteur d'eau normale serait un mètre; il s'ensuit que les ordonnées de cette courbe étant calculées dans une table peuvent servir à calculer toutes les courbes de remous sur un cours d'eau quelconque. Nous ramenons ainsi tout problême de remous à la recherche de deux chiffres dans une table que nous donnons. Appliquant ce procédé si simple à deux problêmes résolus par MM. Belanger et Vauthier, nous trouvons immédiatement les résultats que ces deux Ingénieurs n'avaient obtenus que par des calculs extrêmement longs. Cet inconvénient si grave pour la pratique, avait déterminé plusieurs savants et Ingénieurs à proposer diverses formules empiriques. Nous faisons voir que ces formules, établies sur certains cas particuliers, conduisent toutes à des résultats complètement faux, et sont par conséquent d'une application dangereuse.

La simplicité à laquelle se trouve ramenée l'équation de la courbe du remous en révèle immédiatement des propriétés extrêmement importantes que l'Ingénieur doit toujours avoir présentes à l'esprit, lorsqu'il projette des travaux qui doivent avoir pour résultat de modifier le régime d'un cours d'eau; propriétés qui démontrent l'énorme influence que peuvent avoir les travaux publics et particuliers sur les inondations des fleuves et des rivières.

On n'avait guère considéré jusqu'à présent que les remous de gonflement. Il arrive souvent cependant que des travaux de draguage ou d'élargissement ont pour résultat d'abaisser la surface de l'eau et qu'il est essentiel de se rendre compte de cette altération. Nous faisons voir que les mêmes formules et les mêmes procédés de calcul sont applicables à cette espèce de remous.

Nous consacrons quelques pages à l'examen du remous à ressaut observé la première fois par Bidone. La condition nécessaire pour que le remous se présente sous cette forme particulière avait déjà été établie; mais on n'en avait pas apprécié la signification géométrique, de sorte qu'il restait du doute dans l'esprit sur la nature du remous qui pouvait se produire dans tel ou tel cours d'eau. Nous faisons voir que ce phénomène ne peut avoir lieu dans les cours d'eau qu'autant que la pente dépasse 0,0035 par mètre, et que par conséquent un remous ne peut se terminer par un ressaut que dans des cours d'eau torrentiels ou dans des canaux d'expériences. Le calcul de la courbe de ce remous particulier ne présente du reste pas plus de difficulté que celui du remous ordinaire.

M. Vauthier avait rattaché l'explication du mascaret à la théorie du remous à ressaut, nous opposons à l'opinion de ce savant Ingénieur quelques considérations théoriques qui tendraient à faire considérer ce phénomène comme n'étant que la croupe arrondie de la courbe suivant laquelle s'avance un courant d'une grande hauteur dans un canal à sec ou peu profond.

Dans le quatrième chapitre nous cherchons à déterminer le mouvement varié dans un canal irrégulier, c'est-à-dire à rendre compte des effets des étranglements et élargissements naturels ou artificiels que présentent la plupart des cours d'eau. Ces étranglements et élargissements peuvent être de plusieurs espèces : graduels ou brusques, de fond ou de rive, très-longs ou très-courts. Nous examinons en détail et avec des applications numériques tous ces cas divers, attendu que les résultats du calcul sont presque toujours en contradiction complète avec les idées reçues et qu'ils peuvent avoir une grande importance pratique. Ainsi l'effet d'un étranglement graduel et court est presque toujours un abaissement de la surface de l'eau, tandis que celui d'un élargissement est au contraire un relèvement. On doit considérer la vitesse de l'eau qui coule dans un canal comme pouvant se transformer en hauteur, lorsqu'elle n'est pas détruite par des forces retardatrices. Ainsi un fleuve qui rompt les digues qui le contiennent et perd dans une section plus large la vitesse qu'il a en amont dans une section rétrécie, peut s'élever dans cet élargissement accidentel à une grande hauteur, si sa vitesse primitive était considérable. De même, il arrive que la hauteur se transforme en vitesse : ainsi lorsqu'on resserre un courant il s'abaisse d'une quantité telle que la chute donne une vitesse suffisante à la section rétrécie. Les nombreuses formules que nous donnons pour les divers cas que nous considérons, pourront être utilement appliquées dans une foule de projets, soit qu'il s'agisse de relever des eaux trop basses ou de contenir des eaux trop élevées.

Quant aux effets des étranglements brusques, leur connaissance repose sur celle des forces retardatrices spéciales qui se développent dans ces parties. Or, si la science est encore si incertaine en ce qui concerne celles qui se manifestent dans les canaux réguliers, il faut bien avouer son impuissance absolue à révéler ce qui se passe dans le désordre général, dans le pêle-mêle confus de tous les filets convergeant, divergeant et tourbillonnant au passage d'un étranglement brusque. Cette question est, il faut le dire, d'autant plus en arrière qu'on la croyait complètement résolue. Tous les traités d'hydraulique donnent, pour le cas du remous occassionné par un étranglement brusque, une formule assez simple dont les résultats se sont trouvés d'accord avec quelques expériences mal observées. Or cette formule n'a aucun rapport avec la hauteur à déterminer : elle exprime la quantité dont les eaux doivent *s'abaisser* au passage de l'étranglement, et nullement celle dont elles doivent *se relever* pour vaincre l'excès des forces retardatrices développées dans l'étranglement. Sur cette question, nous nous bornons à débarrasser la science d'une formule complètement erronée, du moins quant à l'application qui en est faite, et à mettre en avant quelques considérations générales qui pourront par la suite résoudre le problème d'une manière satisfaisante pour la pratique et servir dès à présent à apprécier les circonstances qui augmentent et diminuent le remous.

Ici se termine la partie de nos Etudes relative au mouvement des eaux courantes : il ne faudrait pas conclure des nombreuses lacunes que nous y avons signalées que les notions vagues qu'on possède maintenant, que les nouvelles formules proposées pour les compléter ne peuvent être d'aucune utilité pour la pratique, et qu'à cause de l'incertitude des données on peut demander aux caprices de l'imagination, ou à une routine aveugle, des résultats que le calcul ne peut fournir avec exactitude. La pratique n'a presque jamais besoin d'un résultat précis, il suffit ordinairement de savoir que le produit de tel cours d'eau est au moins ou au plus de tel volume, que le tirant d'eau que peut espérer la navigation sera au moins de telle hauteur, que les crues ne dépasseront pas telle limite, que la vitesse ne sera pas telle qu'elle puisse entraîner tel terrain, tel ouvrage. Dans ces circonstances, les considérations que nous avons exposées, les données expérimentales que nous avons rappelées peuvent fournir une solution suffisante et même servir à apprécier la distance qui la sépare de la solution exacte. Enfin dans d'autres circonstances l'homme pratique n'y trouvera peut-être que la conviction de son ignorance et cela suffira pour éviter ces grandes erreurs ces fautes irréparables qui n'ont jamais pour cause ce qu'on ignore d'une science, mais bien ce qu'on croit en savoir.

La dernière partie de notre travail est consacrée à l'étude de quelques questions importantes de l'art de l'Ingénieur des Ponts et Chaussées ; celles qui concernent le régime des grandes eaux et le débouché à leur laisser. Nous avons cherché à donner une idée précise de ce régime qu'on croit généralement avoir subi de grandes variations dans ces derniers siècles, et nous avons examiné les preuves qu'on apporte à l'appui de cette opinion. Nous faisons voir que les considérations sur lesquelles on avait établi les calculs du débouché à donner aux grandes eaux, soit dans les ponts, soit dans les endiguements, n'étaient nullement rationnelles et qu'il en pouvait résulter d'immenses désastres. Nous avons été ainsi conduit à examiner les causes des inondations fréquentes dont sont désolées nos grandes val-vallées et les moyens qu'on a proposés pour en prévenir le retour. Tout le monde s'en prend au déboisement de la France, tout le monde répète à l'envi qu'il faut reboiser la France, sans trop s'inquiéter de ce que deviendraient les nombreuses populations qui n'auraient plus que des fagots au lieu de pain. Peut-être que si l'on se rendait mieux compte de l'influence immédiate des altérations qu'a pu subir le lit des fleuves débordés, on n'aurait pas cherché si loin une cause problématique et un remède impossible. Peut-être que l'influence des travaux publics et particuliers mieux étudiée eût amené et amènerait, d'abord plus de circonspection dans l'établissement des travaux d'art dans les vallées, et ensuite des modifications importantes dans quelques théories fondamentales de l'art de l'Ingénieur.

Nous avons cherché à prouver par de nombreux exemples que ces questions sont éminemment complexes; que leur solution dépend d'une foule de circonstances locales, d'éléments divers que mathématiquement on ne peut toujours exprimer ni combiner; que si l'analyse est indispensable pour calculer et prévoir certains effets et certains résultats, elle est complètement impuissante pour indiquer la solution qui donne le plus d'avantages avec le moins d'inconvénients. Dans ces sortes de questions, c'est l'invention, appropriée à chaque cas, qui doit dominer, diriger et enfin résoudre. Les mathématiques sont à l'Ingénieur ce que la grammaire est à l'écrivain, elles dirigent les idées, mais elles n'en donnent pas. Il n'y a donc plus de solution absolue, de formule résolvant immédiatement telle ou telle série de questions. Il n'y a plus de possible que des considérations générales indiquant les écueils à éviter et les principes généraux à suivre. C'est à ce point de vue que nous avons considéré et examiné avec quelques détails les questions relatives au débouché des ponts, aux endiguements et aux variations du lit des rivières à fond mobile. Le phénomène du transport et du dépôt des alluvions est aujourd'hui expliqué d'une manière ou incomplète ou erronée. Nous présentons à ce sujet une théorie nouvelle. Nous faisons voir qu'il y a dans tout courant qui a lieu sur un fond mobile deux forces distinctes, la puissance d'entraînement sur le fond qui dépend de la vitesse absolue du courant, la puissance de suspension du courant qui dépend de la vitesse relative des filets. A l'aide de ces deux actions qui ont lieu simultanément dans tous les cours d'eau naturels, mais avec une intensité qui varie sans cesse et dont les effets tantôt s'ajoutent, tantôt se contrarient, nous croyons qu'on peut expliquer tous les phénomènes que présentent les rivières à fond mobile d'une manière simple et rationnelle et en tirer des principes importants pour la pratique.

Ce dernier chapitre de nos Etudes est assez distinct des premiers pour qu'il puisse être lu séparément par les personnes qui voudraient connaître immédiatement les considérations que nous avons présentées sur ces questions si importantes de l'art de l'Ingénieur. D'ailleurs, quoique nous ayons cherché à classer les diverses parties de notre travail dans un ordre méthodique qui permît de suivre plus facilement l'enchaînement des principes, cependant nous avons traité chacune d'elles de manière qu'elle peut être consultée à part; à l'aide d'une table détaillée, le lecteur pourra toujours arriver directement à la question qui est l'objet de ses études du moment, ou à la formule dont il a besoin, ou aux explications qui lui sont nécessaires pour en faire usage.

CHAPITRE Ier

DU MOUVEMENT UNÍFORME DES EAUX

COURANTES.

1. La solution de tous les problêmes qu'on peut se proposer sur le mouvement des eaux courantes, repose sur la connaissance des résistances que les molécules liquides éprouvent à se séparer des solides avec lesquels elles sont en contact, et à se détacher les unes des autres. La connaissance de ces propriétés physiques constitue réellement l'hydrodynamique; si elles étaient bien connues, les principes de mécanique et les procédés d'analyse ordinaires suffiraient pour résoudre d'une manière complète tous les problêmes que peut présenter cette science. Nous allons

donc exposer le résultat des recherches faites jusqu'à présent sur ces deux résistances, en essayant d'y ajouter quelques notions nouvelles.

Leur existence nous est révélée par un phénomène que nous avons tous les jours sous les yeux ; la vitesse des cours d'eau naturels, quelle que soit leur pente, est sensiblement uniforme, et n'est jamais en rapport par conséquent avec la hauteur de la chute depuis la source jusqu'au point considéré. Il faut donc nécessairement que dans ce mouvement se développent des forces retardatrices qui croissent avec la vitesse, de manière à faire équilibre à la force accélératrice de la pesanteur.

Une autre propriété des forces retardatrices que nous considérons, et qui a été démontrée par des expériences de Dubuat, c'est qu'elles sont indépendantes de la pression. Il est facile surtout dans les tuyaux de faire varier la pression, sous laquelle s'opère l'écoulement, dans des limites trop étendues pour qu'il puisse rester le moindre doute à l'égard de cette propriété. Si, comme pour les solides, la résistance était proportionnelle à la pression, il y aurait de telles variations dans le débit d'un tuyau, suivant que la pression serait plus ou moins grande, qu'elles ne pourraient échapper aux expériences les plus grossières.

2. Ces simples notions ont suffi à M. de Prony pour établir les équations d'équilibre d'une masse liquide coulant dans un tuyau avec une vitesse quelconque (*). Nous allons reproduire ses calculs; mais pour plus de simplicité, nous supposerons qu'il s'agit d'un rectangle d'une largeur indé-

(*) Recherches physico-mathématiques sur la théorie des eaux courantes (No 143).

finie, et dont les parois latérales n'opposent aucune résistance. Dans ce cas, il est évident que tous les filets, situés dans une couche parallèle au fond, ont une vitesse égale et qu'il suffit de considérer ce qui se passe dans une section verticale parallèle à la vitesse.

Soient : i le sinus de l'angle du fond du canal avec l'horizon (quantité toujours assez petite dans les cours d'eau naturels pour être confondue avec l'arc ou la tangente).

H la hauteur de l'eau sur le fond du canal.

z une partie de la hauteur comptée à partir de la surface.

$v^{(n)}$, $v^{(n-1)}$,..... v'', v' les vitesses des n diverses couches depuis celle de la surface $v^{(n)}$ jusqu'à celle du fond v'.

Π la densité du fluide.

Le filet de la surface, dont la vitesse uniforme est $v^{(n)}$, se trouve dans le même cas qu'un solide glissant le long d'un plan incliné, et son équation d'équilibre est la même. La force accélératrice de la pesanteur agit sur lui avec une intensité proportionnelle à son poids et au sinus de l'angle d'inclinaison. La force retardatrice qui lui fait équilibre dépend évidemment de la vitesse relative $(v^{(n)}-v^{(n-1)})$ du filet supérieur par rapport au filet immédiatement inférieur, et croît avec elle, car cette condition est essentielle pour que le mouvement puisse se maintenir uniforme sous une inclinaison quelconque. On aura donc pour équation d'équilibre du filet supérieur:

$$\Pi g i \Delta z = f(v^{(n)}-v^{(n-1)})$$

ou plus simplement, en supposant les coëfficients de la

fonction qui exprime la résistance due à la cohésion divisés par Πg, produit qui ne varie que d'un fluide à un autre :

$$i\Delta z = f(v^{(n)} - v^{(n-1)})$$

la fonction f étant indéterminée, mais de nature à croître avec sa variable.

Le filet placé immédiatement au-dessous de celui qui est à la surface reçoit évidemment de la pesanteur une force accélératrice proportionnelle à $i\Delta z$ et de son glissement sur le filet inférieur une force retardatrice proportionnelle à $f(v^{(n-1)} - v^{(n-2)})$; mais en outre le filet supérieur, en glissant sur lui, l'entraîne avec une force accélératrice précisément égale à la force retardatrice qu'il en éprouve. C'est ainsi qu'un corps solide en glissant sur un plan, tire ce plan dans le sens de son mouvement avec une force égale au frottement qui retarde sa chute. On a donc pour équation d'équilibre du filet immédiatement inférieur à celui de la surface :

$$i\Delta z = f(v^{(n-1)} - v^{(n-2)}) - f(v^{(n)} - v^{(n-1)})$$

on aurait pour un filet quelconque de l'ordre m :

$$i\Delta z = f(v^{(m)} - v^{(m-1)}) - f(v^{(m+1)} - v^{(m)})$$

et pour le second filet en partant du fond :

$$i\Delta z = f(v'' - v') - f(v''' - v'')$$

quant au filet qui glisse immédiatement sur la paroi, il éprouve, suivant M. de Prony, deux espèces de résistances. L'une particulière à cette paroi qu'il exprime par $F(v')$; et l'autre qui proviendrait du glissement de ce filet sur une couche liquide adhérente à la paroi, et par conséquent de la même nature que celle que nous venons de considérer et qui serait exprimée par $f(v')$. Nous verrons tout à l'heure que cette supposition d'une couche adhérente à la paroi est inadmissible; mais pour le moment, nous conserverons cette notation que la suite du calcul rectifiera.

En réunissant toutes ces équations d'équilibre on forme la série suivante :

Couche de la surface : $i\Delta z = f(v^{(n)} - v^{(n-1)})$ (A)

$i\Delta z = f(v^{(n-1)} - v^{(n-2)}) - f(v^{(n)} - v^{(n-1)})$

. . . .

. . . .

. . . .

$i\Delta z = f(v'' - v') - f(v''' - v'')$

Couche du fond : $i\Delta z = F(v') + f(v') - f(v'' - v')$

3. En ajoutant toutes ces équations ensemble, on obtient la suivante :

$$in\Delta z = Hi = F(v') + f(v') \qquad (1)$$

ou

$$Hi = \Phi(v')$$

équation très-remarquable, en ce qu'elle est indépendante des forces retardatrices qui n'ont pas lieu à la paroi, et qui permet de connaître i en fonction de v', et v' en fonction de i; mais il est essentiel d'observer que la vitesse v' est ici la vitesse à la paroi que nous désignerons par W, et non pas la vitesse moyenne de la section. Il est d'ailleurs facile de généraliser ce résultat et d'y arriver directement sans passer par les équations d'équilibre des diverses couches. En effet en considérant le volume d'eau débité par une section quelconque Ω, on voit, que la force accélératrice imprimée par la pesanteur à la couche qui coule le long de la paroi solide est proportionnelle au poids des couches supérieures Ωi, que la force retardatrice qui agit sur cette couche se réduit à l'adhérence de la paroi. Or si on appelle χ_1, χ_2, χ_3 ..... chacun des éléments de cette paroi, et W_1, W_2 ..... les vitesses des filets qui glissent sur ces éléments, on aura :

$$\Omega i = \chi_1 \Phi(W_1) + \chi_2 \Phi(W_2) .....$$

Si les vitesses à la paroi sont toutes égales à W on aura simplement :

$$\Omega i = \chi \Phi(W).$$

On peut supposer la fonction Φ développée suivant les puissances ascendantes de sa variable $aW + bW^2 + cW^3$..... en déterminant par expérience les coëfficients a, b, c..... Cette équation est loin de résoudre le problême sous le rapport pratique. En effet ce qu'il importe d'avoir, c'est la résistance non pas en fonction de la vitesse du fond, mais en fonction de la vitesse moyenne. Car cette vitesse est presque toujours une des données ou une des inconnues de toutes les questions d'hydrodynamique; tandis que la vitesse à la paroi n'a pas la même importance pratique, et ne peut être connue que par des expériences spéciales et très-difficiles. Il est donc indispensable pour la pratique, d'avoir l'expression de la résistance en fonction de la vitesse moyenne.

4. C'est par ce motif, qu'après avoir démontré l'équation précédente, M. de Prony partant de quelques expériences de Dubuat, desquelles ce physicien avait conclu que la vitesse moyenne était une fonction de la vitesse du fond indépendante de la figure, de la grandeur et de la pente du canal,

a cru pouvoir substituer la vitesse moyenne à la vitesse du fond et écrire :

$$\Omega i = \chi(\alpha U + \beta U^2) \qquad \text{U vitesse moyenne.}$$

« Il est cependant difficile, dit M. de Prony (*Recherches*
» *physico-mathématiques, page 79*) de se persuader que ces
» divers éléments, n'aient aucune influence sur les rela-
» tions entre la vitesse du fond, la vitesse moyenne et la
» vitesse à la surface. Mais il fallait pourvoir aux besoins
» de la pratique par des règles suffisamment exactes pour
» les cas qu'elle a à traiter, et les recherches des lois géné-
» rales et rigoureuses auxquelles les phénomènes sont as-
» sujettis offrent encore un problême où les géomètres
» et les physiciens trouveront à s'exercer sur des sujets
» dignes de leur attention et de leur intérêt. »

Ainsi l'illustre géomètre que nous venons de citer en substituant à l'équation :

$$\Omega i = \chi\Phi(W) \quad . \qquad \text{W vitesse du fond.}$$

$$\Omega i = \chi\Phi(U) \quad . \qquad \text{U vitesse moyenne.}$$

savait fort bien qu'il s'écartait de la vérité, pour satisfaire aux besoins de la pratique. Mais il nous semble qu'il aurait pu tirer des équations même qu'il avait posées la confirmation de ses conjectures et des conséquences importantes, entre autres : la relation qui existe entre la vitesse à la paroi et la vitesse moyenne. C'est ce que nous allons essayer de faire maintenant.

5. Si au lieu de faire la somme des n équations d'équilibre (A) nous ne faisons la somme que des $n-1$ premières, nous aurons :

$$i(H - \Delta z) = f(v'' - v').$$

Si nous rapprochons cette équation de l'équation (1) (N° 3) que nous avons obtenue en faisant la somme de toutes les équations (A), nous aurons, en remarquant que $(H-\Delta z)$ ne diffère pas sensiblement de H, l'équation suivante :

$$f(v')+F(v')=f(v''-v')$$

qu'on pourrait poser immédiatement en disant; que la force $f(v')+F(v')$, qui retient la couche contiguë à la paroi, est égale aux forces $f(v''-v')+i\Delta z$ qui l'entraînent, puisque le mouvement est uniforme; et en remarquant que le poids $i\Delta z$ est négligeable par rapport aux deux autres forces.

Or il faut remarquer que v' est une vitesse finie qui peut-être de plusieurs mètres, tandis que $(v''-v')$ est un infiniment petit, puisque c'est la différence de vitesse de deux couches consécutives. De plus nous avons déjà fait remarquer que la fonction f croissait avec sa variable. Il est donc impossible que le terme $f(v')$ existe dans l'équation précédente. Car v' étant infiniment grand par rapport à $v''-v'$, on ne peut avoir :

$$f(v''-v')=f(v')$$

et à fortiori $\quad f(v''-v')=f(v')+F(v')$.

Or ce terme provient de l'hypothèse d'une couche d'eau adhérente à la paroi dont la vitesse serait nulle et sur laquelle glisserait la seconde couche avec une vitesse finie v'. Cette hypothèse, qui n'est d'ailleurs nullement nécessaire à l'explication du phénomène, est donc inadmissible (*). Si une paroi sur laquelle de l'eau a coulé reste mouillée, cela

(*) Ou du moins si cette couche adhérente existe, elle a perdu, par rapport à la couche supérieure sa puissance de cohésion, et le calcul ne doit pas en tenir compte.

tient à ce que nécessairement l'écoulement s'y est terminé dans un moment ou l'épaisseur H était sensiblement nulle, car la nature des choses s'oppose à ce qu'un écoulement d'une hauteur finie puisse être interrompu brusquement. Or si nous avons posé sans y introduire de terme constant l'équation :

$$\frac{\Omega}{\chi}i = aW + bW^2 + cW^3.....$$

c'est uniquement pour la mettre de suite d'accord avec l'expérience qui prouve que quand W est très-petit, Hi est sensiblement nul. Mais cela n'est pas rigoureusement vrai, et il y a nécessairement un terme constant dans le développement de la fonction, puisque un plan incliné reste mouillé après l'écoulement. Nous insistons sur ce sujet, non-seulement parce qu'il nous paraît important de débarrasser la question d'une hypothèse inutile quoique généralement admise (*), mais parce qu'on en tirait cette autre conséquence qui est loin d'être démontrée; c'est que l'eau éprouve la même résistance de la part d'une paroi quelconque, car quelle que soit la paroi, elle ne glisse jamais que sur de l'eau (**).

Nous avons admis, il est vrai, dans ce raisonnement que la vitesse au fond v' était finie, ce qui est conforme à ce

(*) C'est sur un tel revêtement ou enduit aqueux, fixé contre les parois du canal, que coule la masse fluide qu'il conduit. (*D'Aubuisson*, *p.* 126.)

(**) Dubuat n'a trouvé *aucune variation dans le frottement, pour les différents cas où l'eau coulait sur du verre, du plomb, de l'étain, du fer, du bois et différentes espèces de terres.*

Ce dernier fait pourrait toutefois s'expliquer par l'observation que dans tous les cas le frottement n'a lieu que sur la couche aqueuse qui revêt la paroi du lit. (*Idem*, *p.* 126.)

que nous voyons tous les jours. Car si nous ne voyons pas la vitesse du fond des courants d'eau, nous voyons fort bien la vitesse sur les rives, vitesse qui éprouve de la part de la paroi la même résistance.

6. Or de ces deux faits, que la vitesse du filet à la paroi est une vitesse finie, que la vitesse relative du filet supérieur est un infiniment petit, découle une conséquence très-importante qui distingue la résistance qu'éprouve le mouvement du liquide sur les solides que nous appelons *adhérence*, de la résistance qu'il éprouve en glissant sur lui-même que nous appelons *cohésion*. Nous avons en effet entre ces deux résistances les équations :

$$Hi = \Phi(v') = f(v'' - v')$$

Hi est un produit fini, v' une vitesse finie, $(v'' - v')$ une quantité extrêmement petite. Donc pour que ces équations puissent subsister, il faut que la fonction Φ soit d'une nature tout-à-fait différente de celle de la fonction f.

Il suffit d'une très-petite vitesse du liquide glissant sur lui-même, pour faire naître une résistance, égale à celle qui est engendrée par une vitesse finie du liquide glissant sur la paroi solide et égale à la force accélératrice imprimée par la pesanteur à toute la masse supérieure. Ainsi la cohésion des molécules entre elles est infiniment plus grande que leur adhérence aux solides et que la force de la pesanteur. Si donc on développait la fonction $f(v'' - v')$, elle aurait des coëfficients infiniment grands, tandis que la fonction $\Phi(v')$ n'en a que de finis. Nous allons essayer d'éclaircir cette difficulté, qui tient à l'hypothèse admise par M. de Prony, sur la cause de la résistance due à la cohésion.

7. Ce géomètre a supposé, comme on vient de le voir, que les deux résistances qui sont en jeu dans le phénomène, croissaient avec la vitesse relative. Pour la résistance à la paroi, point de difficulté; la vitesse le long de cette paroi étant finie, on conçoit fort bien, qu'une fonction de cette vitesse fasse équilibre au poids du liquide; mais pour la cohésion cette supposition est inadmissible, ou du moins a besoin d'être rectifiée : en effet la vitesse relative de deux couches contiguës est un infiniment petit, et une fonction d'infiniment petit ne peut égaler une quantité finie.

Remarquons en effet, que si nous faisons la somme des équations d'équilibre (A) non plus jusqu'à H, mais jusqu'à une profondeur quelconque z, à laquelle correspond la vitesse v, nous avons :

$$iz = f(-\Delta v)$$

car on a évidemment :

$$v^{(m)} - v^{(m-1)} = -\Delta v.$$

Si nous développons la fonction $f(-\Delta v)$ suivant les puissances ascendantes de sa variable, nous aurons :

$$iz = -(K\Delta v + K'\Delta v^2 + K''\Delta v^3 \ldots\ldots)$$

Or Δv étant très-petit, il est permis de négliger les puissances supérieures à la première et d'écrire :

$$iz = -K\Delta V.$$

Ainsi M. de Prony, sans nuire en rien à la généralité de l'hypothèse qu'il avait posée, aurait pu simplifier ses équations, en substituant simplement $-K\Delta V$ à la fonction indéterminée $f(-\Delta v)$.

8. Mais l'équation précédente, dont un seul membre est affecté d'un facteur infiniment petit, tandis que l'autre est fini, reproduit, par son défaut d'homogénéité, la difficulté que nous avons signalée et que nous allons encore faire ressortir par des chiffres, pour qu'elle soit parfaitement saisie.

Donnons au canal rectangulaire indéfiniment large, que nous avons considéré tout à l'heure, une pente de 0^m001; divisons-le en couches parallèles au fond du lit de l'épaisseur de un centimètre. Considérons d'abord la première couche entre la surface et le plan N° 1. Un mètre carré de cette couche est entraîné par la pesanteur avec une intensité proportionnelle à son poids 10^k multiplié par le sinus de l'angle d'inclinaison 0,001, ou 10 grammes; puisque le mouvement est uniforme, il faut en conclure que la résistance qu'oppose le plan N° 1 au glissement de la couche supérieure est de 10 grammes par mètre carré. Si nous considérons maintenant un mètre carré de la couche inférieure nous trouverons qu'il est entraîné :

1° Par le frottement de la couche supérieure avec une intensité égale à.	10 grammes
2° Par son poids avec une intensité égale aussi à.	10 grammes
Nous en conclurons que la résistance est sur le plan N° 2 de.	20 grammes
On conclurait de même qu'elle est sur le plan N° 3 de.	30 grammes

Parce qu'un mètre carré de cette troisième couche est entraîné avec une intensité de 20 grammes par l'effet du frottement de la couche supérieure, et de 10 grammes par l'effet de son poids.

Ainsi, à mesure que l'on considère des plans de glissement plus profonds, on a des résistances qui croissent comme la profondeur à laquelle se trouvent ces plans. Or maintenant quelle est la cause de cette augmentation de résistance? Dans tous ces glissements, c'est toujours de l'eau glissant sur de l'eau, c'est toujours la même nature de surface; la pression varie il est vrai, mais nous avons déjà dit que cette circonstance n'influait pas sur la résistance, il est d'ailleurs facile de s'assurer que quand même la pression aurait une influence dans le phénomène, il ne faudrait pas moins chercher ailleurs la cause de la différence de résistance que nous signalons ici. En effet, si nous comparions les résultats que nous venons de trouver à ceux que donnerait un canal dont la pente serait double ($0^m,002$ au lieu de $0^m,001$), nous trouverions sur tous les plans situés à la même profondeur, et par conséquent soumis à la même pression, des résistances très-différentes, puisqu'elles seraient précisément le double dans le canal qui aurait la pente la plus forte. On est donc amené à chercher uniquement dans la vitesse relative des couches la cause de la différence des résistances qu'elles éprouvent; puisqu'on ne peut la trouver, ni dans la nature des surfaces de glissement, ni dans la différence de pression.

9. A partir d'une normale OF (fig. 1), portons sur le plan de division de chaque couche élémentaire une longueur horizontale proportionnelle à la vitesse de cette couche. Les différences de longueur de ces horizontales seront ce que nous avons appelé Δv. Supposons qu'on détermine pour ce système de division, de $0^m,01$ en $0^m,01$, la relation qui existe entre les différentes valeurs de Δv et les profondeurs z, et qu'on trouve, comme conduit à le faire

croire l'hypothèse de M. de Prony, que ces différences sont proportionnelles aux profondeurs. On aura alors l'équation :

$$iz = -K\Delta v$$

la valeur de K étant donnée par l'expérience même. Ainsi pour une hauteur $H=1^m$ par exemple on aura une certaine différence : $\Delta v=0{,}01$ et on en déduira :

$$K = \frac{iH}{\Delta v} = \frac{0{,}001 \times 1}{0{,}01} = 0{,}10.$$

Mais il est évident, qu'au lieu de ce système de $0^m{,}01$, on peut en prendre un autre moitié plus petit, et par ce système, on trouvera à très-peu près le Δv, correspondant à la profondeur 1^m, égal à la moitié du Δv précédent, et on aura :

$$K_1 = \frac{iH}{\Delta v} = \frac{0{,}001 \times 1}{0{,}005} = 0{,}20.$$

Ainsi, suivant le système de division adopté, la valeur de K augmentera en raison inverse de la grandeur des divisions et deviendra infinie pour l'épaisseur réelle et infiniment petite des couches du fluide. Le coëfficient K est donc nécessairement de la forme $\frac{\varepsilon}{\Delta z}$, ε étant une constante, et la résistance fournie par la cohésion se trouve alors représentée non plus par $\varepsilon\Delta v$, comme le supposait M. de Prony, mais par $\varepsilon\frac{\Delta v}{\Delta z}$. C'est une conséquence à laquelle on pourrait d'ailleurs arriver plus directement que nous ne l'avons fait, en suivant pas à pas les calculs de M. de Prony. Dès qu'on admet que la résistance est proportionnelle à la vitesse infiniment petite des molécules les unes par rapport aux autres, il faut pour exprimer cette résistance prendre une mesure de cette vitesse. Or il est bien clair que toute unité finie, comme le mètre, ne peut servir à cet usage et qu'il faut recourir à une unité de longueur de même ordre que cette vitesse. Une fraction de millimètre, si petite qu'elle fût, ne pourrait exprimer l'espace parcouru par la molécule de la couche supérieure par rapport à celle de la couche inférieure. Pour exprimer cet espace par un nombre fini, il faut prendre pour unité la distance de ces deux couches. Alors on trouvera que la molécule supérieure a parcouru une fraction finie de cette distance, ou même un certain nombre de ces distances. Si les molécules A et B (fig. 2) sont sur la même verticale, et qu'au bout de chaque seconde de temps, la molécule A ait occupé les positions équidistantes a, a', a''..... la vitesse $\Delta v = Aa$ sera dans un rapport fini avec la distance Δz, et ce rapport exprimera la tangente trigonométrique de l'inclinaison de la tangente à la courbe des vitesses (fig. 1). Si nous descendons sur cette courbe à une profondeur telle que $\frac{\Delta v}{\Delta z}=1$, nous en conclurons que sur cette couche Bb, les molécules parcourent précisément une distance moléculaire par chaque seconde, et que le travail consommé par cette vitesse, ou la résistance à la cohésion est la constante ε. Faisons remarquer que cette expression $\varepsilon\,\frac{dv}{dz}$ de la résistance de la cohésion des fluides, offre l'analogie la plus complète avec celle qu'on emploie en mécanique pour mesurer celle des solides. On sait en effet, que lorsqu'on écarte deux molécules solides, l'énergie de la cohésion qui tend à les rapprocher, n'est pas mesurée simplement par leur distance, mais par le rapport de leur distance actuelle à leur distance primitive.

Lorsqu'on substitue dans l'expression de la résistance à la cohésion $f\left(\frac{dv}{dz}\right)$ à $f(dv)$, il n'est plus permis de ne conserver dans le développement de la fonction que la première puissance de la variable; mais lorsqu'on examine de plus près les conditions dans lesquelles le phénomène se présente ordinairement dans la pratique, on reconnaît que si ce n'est pas là la loi naturelle qui exprime d'une manière rigoureusement exacte l'énergie de cette résistance, c'est du moins une valeur suffisamment approchée pour qu'on n'ait pas à craindre d'erreur appréciable.

En effet, imaginons au-dessus du canal de largeur indéfinie et de la hauteur H un canal symétrique placé au-dessus (fig. 3) ayant une paroi parallèle à la première. Nous formerons ainsi une conduite dans laquelle la courbe des vitesses se composera de deux branches symétriques perpendiculaires à l'axe du canal où la tangente est commune. En effet on peut imaginer que la vitesse des deux filets contigus à l'axe est la même, que par conséquent ils n'ont aucune action l'un sur l'autre, de sorte que les deux parties se comportent comme si elles étaient isolées.

Il suit de là que dans le développement général

$$iz = -\left(\varepsilon\left(\frac{dv}{dz}\right) + \varepsilon'\left(\frac{dv}{dz}\right)^2 + \varepsilon''\left(\frac{dv}{dz}\right)^3 \dots\right)$$

il ne peut exister de terme à une puissance paire, puisque la courbe étant symétrique, $\frac{dv}{dz}$ doit changer de signe avec z, sans changer de valeur. De plus dans tout courant on n'a jamais à considérer que la portion de la courbe des vitesses voisine de l'origine, dans laquelle la quantité $\frac{dv}{dz}$ est toujours assez faible, on peut donc négliger sa troisième puissance par rapport à la première et écrire :

$$iz = -\varepsilon \frac{dv}{dz}.$$

On arriverait à une conclusion semblable en résolvant l'équation $iz = f\left(\frac{dv}{dz}\right)$ par rapport à $\frac{dv}{dz}$. On aurait :

$$\frac{dv}{dz} = -(\mathrm{A}iz + \mathrm{A}'i^2z^2 + \mathrm{A}''i^3z^3....)$$

et on démontrerait de même que le terme en i^2z^2 ne peut exister et que le terme en i^3z^3 est toujours négligeable, attendu que i, sinus de l'inclinaison, est non-seulement toujours plus petit que un, mais toujours très-petit dans les circonstances ordinaires du mouvement des eaux courantes.

Les deux équations

$$\mathrm{H}i = a\mathrm{W} + b\mathrm{W}^2.....$$

$$iz = -\varepsilon \frac{dv}{dz}$$

dont l'une donne la vitesse à la paroi en fonction de l'adhérence, et l'autre la vitesse d'un filet quelconque en fonction de la cohésion, peuvent servir à résoudre tous les problèmes du mouvement uniforme des eaux courantes, comme on le verra tout à l'heure. Mais nous croyons devoir insister encore sur les considérations physiques dont nous avons déduit les expressions analytiques des deux résistances, pour établir entre elles une distinction essentielle qui nous semble avoir échappé à tous ceux qui se sont occupés de cette question.

10. M. de Prony dit, (*Recherches, page 41*) : « Cette » cohésion des molécules entre elles et celles des mêmes » molécules à la matière dont le tuyau est formé ou dans » laquelle le canal est creusé doivent en général être re- » présentées par des valeurs différentes, mais *comparables* » ou *de même ordre les unes par rapport aux autres.* »

Selon nous, ces deux forces ne sont ni du même ordre ni comparables entre elles; il est impossible de les mettre dans des conditions telles qu'on puisse leur appliquer une mesure commune. On sait, par exemple, que si on faisait glisser avec une vitesse d'un mètre par seconde, une couche d'eau d'un mètre carré de base et d'une hauteur quelconque, sur la surface horizontale d'un solide, il faudrait lui appliquer une force horizontale d'environ 360 grammes (*ce chiffre résulte de coëfficients numériques que nous donnerons plus loin*). Quelque faible que soit cet effort, il est cependant très-appréciable et on peut le comparer, soit avec la pression, soit avec le frottement des solides; mais il est impossible d'exprimer en nombres le rapport qui existe entre la cohésion et l'adhérence; parce qu'il faudrait, pour déterminer ce rapport, faire glisser cette même colonne d'eau avec cette même vitesse de 1m sur la surface d'une eau immobile. De quelque manière qu'on fasse l'expérience (*), la cohésion sera toujours assez énergique

(*) On peut concevoir qu'on réalise cette expérience, en promenant un vase renversé rempli d'eau, au-dessus d'un récipient contenant lui-même de l'eau.

pour que la vitesse relative des deux surfaces en contact soit sensiblement nulle. Ainsi l'adhérence aura parcouru un espace fini, la couche liquide aura parcouru sur la surface solide 1^{m}, par exemple, et on aura trouvé qu'il fallait faire tomber 360 grammes d'un mètre de hauteur pour opérer ce travail. Mais la couche d'eau mobile n'aura parcouru sur la couche d'eau immobile que quelques distances moléculaires dont les longueurs cumulées, si nombreuses qu'elles soient, ne pourront produire une distance finie, comme un mètre, la vitesse relative étant toujours infiniment petite et ne pouvant être mesurée que par des longueurs infiniment petites. Ainsi l'adhérence qui peut être expérimentée sous une vitesse finie quelconque, ne peut être comparée à la cohésion qui ne peut être expérimentée que sous une vitesse infiniment petite, c'est une force d'un ordre tout-à-fait différent.

11. M. Navier, dans un Mémoire inséré au tome VI du Recueil de l'Académie des Sciences, a traité la question du mouvement des fluides, en ayant égard aux forces d'adhérence et de cohésion.

« Nous prendrons pour principe, dit ce savant ingé-
» nieur, que par l'effet du mouvement du fluide, les ac-
» tions répulsives des molécules sont augmentées ou di-
» minuées d'une quantité proportionnelle à la vitesse avec
» laquelle les molécules s'éloignent ou s'approchent les
» unes des autres. Il s'établit même dans l'état d'équilibre
» des actions répulsives entre les molécules des fluides et
» celles des parois solides dans lesquelles il est contenu.
» Ces actions doivent être également modifiées ou dimi-
» nuées de quantités proportionnelles aux vitesses avec
» lesquelles chaque molécule s'approche ou s'éloigne de
» chaque molécule immobile appartenant à la paroi. »

On peut conclure de cette définition que M. Navier place ces deux forces sur la même ligne; une seule et même hypothèse sert de base à la formule qui les représente : la résistance est proportionnelle à la vitesse avec laquelle les molécules s'éloignent ou s'approchent les unes des autres. On a vu plus haut qu'en ce qui concerne la cohésion, cette hypothèse de M. Navier se trouvait légitimée par les circonstances du phénomène; mais pour l'adhérence aux solides, non-seulement cette hypothèse n'est pas démontrée, mais elle est en contradiction complète avec l'expérience. Nous verrons plus tard, lorsque nous nous occuperons des valeurs numériques des coëfficients, que l'adhérence dans les limites de la pratique est à peu près proportionnelle au carré de la vitesse. Or il s'agit ici d'une vitesse quelconque; on ne peut donc substituer la première puissance à la seconde sans commettre une erreur grave. La courbe inconnue qui représente la loi de la cohésion peut être remplacée sans aucun inconvénient par une ligne droite passant par l'origine, parce que, nous le répétons, on n'a à considérer cette courbe qui passe par l'origine que dans une partie qui en est très-voisine. Mais la courbe inconnue qui représente l'adhérence ne peut être représentée par une autre droite passant par l'origine, parce qu'il s'agit de considérer cette courbe dans des parties qui en sont très-éloignées.

Ainsi tous les calculs de M. Navier, qui d'ailleurs s'est tenu dans des généralités théoriques, n'auraient abouti qu'à des résultats complètement erronnés si on en avait fait des applications à des cas pratiques. Il ne doit rester de ce Mémoire que l'expression de la résistance due à la cohésion $\varepsilon \frac{dv}{dz}$ qui est un progrès sur les notions inexactes présentées par M. de Prony.

12. M. Sonnet, dont nous ne connaissons le travail que d'une manière fort incomplète, comme nous l'avons dit dans l'avant-propos, et qui a d'ailleurs eu le mérite de faire voir tout le parti pratique qu'on pouvait tirer des tentatives stériles de M. Navier, ne nous paraît pas avoir fait faire les mêmes progrès à la théorie physique des deux résistances. Voici ce que disent les commissaires de l'Académie qui ont examiné son Mémoire :

« M. Sonnet, dans son Mémoire, a modifié l'hypothèse » adoptée par M. Navier, et se bornant au cas du mouve- » ment permanent rectiligne, a obtenu plusieurs résultats » analytiques très-simples, faciles à vérifier par l'expé- » rience. M. Navier avait supposé que l'action mutuelle » des deux molécules toutes les deux fluides, soit l'une » fluide, soit l'autre sur la paroi, augmente ou diminue » proportionnellement à la vitesse relative de ces molécu- » les. M. Sonnet élargit le principe et prend pour repré- » senter l'action mutuelle une fonction de la vitesse rela- » tive développable suivant les puissances entières de sa » variable, dont il conserve suivant l'application tantôt un, » tantôt deux termes. »

Nous ne pensons pas, qu'en ce qui concerne la cohésion, l'hypothèse de M. Sonnet ait rien ajouté à l'exactitude de celle de M. Navier, qui dans toutes les circonstances du mouvement des eaux courantes, peut être considérée, non pas comme une hypothèse, mais comme une loi naturelle. La concordance de nos résultats avec ceux de M. Sonnet, prouverait d'ailleurs que cette complication est au moins inutile, car elle ne conduit à aucune formule nouvelle. Quant à ce qui concerne l'adhérence, nous partageons complètement l'opinion de M. Sonnet; nous croyons qu'elle ne peut être représentée, jusqu'à ce que des observations spéciales aient permis de découvrir la loi naturelle, que par une formule d'interpolation. Mais il nous semble résulter du passage que nous venons de citer, que la cohésion et l'adhérence sont considérées comme deux forces de même nature, et que par conséquent, M. Sonnet et les commissaires de l'Académie n'ont pas établi cette distinction essentielle, que nous avons cherché à faire ressortir de plusieurs manières, parce que nous la considérons comme étant d'une importance capitale dans toute question d'hydrodynamique.

13. En résumé, le mouvement d'un fluide dans un canal donne lieu à deux résistances; l'adhérence du fluide aux parois du canal; la cohésion des molécules entre elles. Ces deux résistances ont pour propriétés communes d'être proportionnelles aux surfaces en contact; d'être indépendantes de la pression, de croître pour l'adhérence avec la vitesse absolue, pour la cohésion avec le rapport entre la vitesse relative des couches et leur épaisseur. Ces propriétés que mettent en évidence les expériences les plus simples, distinguent complètement ces deux résistances du frottement des solides sur les solides, qui ne dépend ni de la vitesse, ni de la superficie du contact et croît au contraire avec la pression. Cependant l'adhérence du liquide au solide est une force de même ordre et comparable au frottement ordinaire, on pourrait déterminer l'épaisseur d'une feuille de tôle qui éprouverait en glissant sur une surface solide la même résistance qu'y rencontrerait une couche d'eau de même surface. Quant à la cohésion des molécules entre elles, c'est une espèce d'affinité chimique d'un ordre complètement différent et qui agit avec une intensité incomparablement plus grande que l'adhérence. C'est là une distinc-

tion essentielle que nous ne trouvons établie dans aucun traité d'hydrodynamique; qu'on nous permette de signaler en passant quelques phénomènes qui nous paraissent en être une conséquence immédiate et une confirmation éclatante.

14. Considérons, par exemple, un bateau qui s'avance dans une eau tranquille d'une vitesse uniforme, entretenue par des coups de rame réguliers. Il est évident que la résistance opposée au mouvement de la rame est égale à celle qui est opposée au mouvement du bateau. Or, si on compare la surface mouillée du bateau avec celle de la rame, on est de suite frappé de la disproportion énorme qui existe entre ces deux quantités. Cette disproportion ne peint cependant que d'une manière tout-à-fait incomplète celle qui existe entre l'adhérence et la cohésion. Car quoique le bateau soit construit de manière à mettre le moins possible en jeu la résistance due à la cohésion, elle agit cependant encore avec une certaine intensité contre lui. Dans le mouvement de la rame, on ne cherche au contraire qu'à déplacer l'eau, à la faire glisser sur elle-même, et la résistance que la cohésion oppose au mouvement de la rame suffit pour faire équilibre à celle qui s'oppose au glissement de la surface entière du bateau. Supposons au lieu d'eau, un liquide ayant beaucoup moins de cohésion avec une adhérence égale, le bateau aura moins de résistance à vaincre pour avancer, cependant la rame séparant le liquide presque sans effort ne pourra plus y trouver une résistance suffisante pour faire avancer le bateau. Ce que nous avons dit des liquides s'applique aux fluides élastiques; si l'air frappé par l'aile de l'oiseau s'enfuyait derrière lui sans fournir une résistance suffisante, si cet air frappé

glissait au milieu de l'air qui l'environne avec autant de facilité que le corps de l'oiseau le fait lui-même, l'oiseau ne pourrait pas plus voler dans l'air que l'homme ne pourrait marcher sur une glace parfaitement dure et polie; le point d'appui manquerait. C'est en vertu du même principe que l'énergie d'un courant d'air chassé par un soufflet diminue rapidement à mesure qu'on s'éloigne de l'orifice, tandis qu'on la porte facilement à une grande distance à l'aide d'un tuyau. Il en est de même pour un jet d'eau dont on peut arrêter la puissance jaillissante en noyant l'orifice sous une charge d'eau très-faible. C'est ainsi que dans certaines constructions hydrauliques, on paralyse les effets destructeurs d'une chute d'eau en recevant le choc sur une masse d'eau stagnante. Tous les phénomènes de la communication latérale du mouvement, les pertes de force vive qui ont lieu dans les changements brusques de section, la contraction de la veine fluide nous paraissent devoir trouver une explication simple et naturelle dans la distinction essentielle que nous avons établie entre l'adhérence et la cohésion. Ainsi de l'énergie de la cohésion découle ce principe général, que la différence de vitesse entre deux filets contigus est toujours infiniment petite, et ce principe suffit pour se rendre compte des effets de certains phénomènes naturels, tels que les vents, les tourbillons, les courants de la surface ou du fond des eaux..... ou au moins pour en rejeter les explications qui en sont données. Ainsi nous lisons dans l'hydraulique de M. Daubuisson, *page 194*.

» L'eau du remous semble souvent n'être que superposée
» au courant et ne pas participer entièrement à ses mou-
» vements : les ingénieurs qui ont fait le nivellement du
» Weser ont observé qu'encore à 1184^{m} de la digue, la

» vitesse était presque insensible à la surface, tandis qu'elle » était forte au fond. »

Il suffit d'apporter dans l'examen de cette assertion quelques-unes des notions que nous venons d'exposer pour reconnaître qu'elle est complètement inexacte, et qu'elle repose sur un fait mal observé. En effet, nous avons vu qu'on est obligé d'admettre que ce qui empêche dans les courants ordinaires la vitesse du filet de la surface de s'accélérer avec la chute, c'est la résistance qu'oppose le filet inférieur qui marche moins vite, et voilà maintenant qu'on suppose que le filet inférieur marche plus vite, sans entraîner avec lui le filet supérieur qui résiste même aux efforts de la pesanteur, puisque sa vitesse reste presque insensible!

Il y a maintenant, selon nous, de nouvelles expériences à faire pour attribuer à l'adhérence et à la cohésion leur part dans les phénomènes où elles agissent avec des intensités diverses, pour établir, au lieu des formules empiriques dont on se sert aujourd'hui, des formules rationnelles fondées sur les propriétés réelles de ces deux résistances si distinctes. Le travail que nous allons faire pour le mouvement de l'eau dans les canaux pourra peut être en donner une faible idée.

15. D'après les considérations que nous venons d'exposer, la relation entre la vitesse v d'un filet et sa profondeur z peut s'exprimer de deux manières :

Si on considère un plan quelconque situé à une profondeur z, on trouve qu'il doit y avoir équilibre sur ce plan, entre la pesanteur qui agit sur toutes les couches supérieures avec une intensité proportionnelle à iz, et la résistance sur ce plan qui est $-\varepsilon\frac{dv}{dz}$ ce qui donne :

$$iz = -\varepsilon\frac{dv}{dz};$$

si on considère une seule couche dont l'épaisseur est dz, on trouve qu'il y a équilibre entre :

1° La pesanteur qui agit avec une intensité proportionnelle à. . . . . . . idz

2° La cohésion avec le filet supérieur, qui agit dans le même sens que la pesanteur, avec une intensité proportionnelle à $-\varepsilon\frac{dv}{dz}$

3° La cohésion avec le filet inférieur, qui agit en sens contraire de la pesanteur, avec une intensité proportionnelle à $-\varepsilon\frac{d(v+\Delta v)}{dz}$

on a donc :

$$idz - \varepsilon\frac{dv}{dz} = -\varepsilon\frac{d(v+\Delta v)}{dz}$$

ou

$$i = -\varepsilon\frac{d^2v}{dz^2}$$

équation qu'on obtiendrait en différentiant la précédente.

Maintenant prenons dans le plan vertical ZOX parallèle au courant (fig. 4) des ordonnées v proportionnelles aux vitesses, leurs extrémités m, p, q, n traceront une courbe qui sera représentée par les équations différentielles précédentes. En intégrant ces équations on a :

$$v = C - \frac{i}{2\varepsilon}z^2$$

on détermine la constante C par la condition que pour $z=H$ on ait $v=W$, vitesse du fond, quantité donnée par l'équation $Hi=aW+bW^2$, on a alors :

$$v=W+\frac{i}{2\varepsilon}(H^2-z^2)$$

si on connaît, au contraire, V vitesse à la surface on a :

$$v=V-\frac{i}{2\varepsilon}z^2$$

si on connaît V et W, on peut éliminer ε et on a :

$$v=V-\frac{V-W}{H^2}z^2$$

On peut donc avoir l'équation de la courbe en fonction de la vitesse du fond, de la vitesse à la surface et de la profondeur. On voit que c'est une parabole du second degré dont la ligne de la surface naturelle du courant est l'axe. En prenant la tangente à l'origine m pour axe des z, et appelant x les abscisses égales à $V-v$, l'équation de la courbe se réduit à :

$$x=\frac{i}{2\varepsilon}z^2=\frac{V-W}{H^2}z^2$$

16. Cette équation fait voir, que la parabole des vitesses est la même quelle que soit la profondeur du canal, quand la pente ne change pas. Ainsi la profondeur du canal a pour effet d'augmenter toutes les vitesses d'une quantité égale. Si le fond du canal Fn se transporte en F'n', la courbe mn prolongée mnn' représentera l'extrémité des vitesses par rapport à un nouvel axe O'Z' en arrière du premier.

La position de cette ligne sera telle que la distance $F'n'$ sera plus grande que Fn; car ces deux quantités expriment les vitesses du fond qui croissent avec la profondeur. Quant à l'inclinaison i, elle a pour effet de changer le paramètre de la parabole. La parabole mn appartient à un canal dont la pente est moindre que celle du canal qui donne la parabole mn' (fig. 5).

17. On a fait des expériences déjà assez nombreuses pour déterminer cette courbe des vitesses, mais la difficulté de mesurer la vitesse d'un courant à diverses profondeurs a empêché les expérimentateurs d'arriver à la découverte de la loi précise. Ils n'ont trouvé qu'une indication générale du sens de la courbe, parfaitement d'accord avec les résultats théoriques précédents, qui d'ailleurs peuvent maintenant être facilement vérifiés, comme nous le ferons voir plus tard.

M. Daubuisson, après avoir rappelé les tentatives faites par Ximénès, Brunings, Woltmann, Funk, par M. Raucourt et par M. Défontaine, pour obtenir cette loi des vitesses, les résume ainsi (*p. 177*) : « La seule conséquence que » l'on puisse tirer des observations connues, et en parti- » culier de celles que M. Défontaine a faites sur le Rhin, » à l'aide du moulinet de Woltmann, c'est que en général » et à mesure que l'on s'enfonce au-dessous de la surface, » dans une rivière, la vitesse de l'eau diminue graduelle- » ment; d'une manière d'abord insensible, puis de plus en » plus prononcée et croissant assez rapidement aux appro- » ches du fond où la vitesse est encore presque toujours » plus que la moitié de la vitesse à la surface.

La théorie ne fait donc que démontrer ici ce que l'expérience avait déjà fait entrevoir.

18. Passons à la détermination de la vitesse moyenne. Elle nous est donnée ici immédiatement par la propriété bien connue de la parabole dont le segment est les $\frac{2}{3}$ du rectangle construit sur les coordonnées, on a :

$$U=W+\frac{2}{3}(V-W)=\frac{2V+W}{3}.$$

19. La formule donnée par Dubuat, et qu'on trouve dans tous les traités d'hydraulique, est pour une section quelconque :

$$U=\frac{V+W}{2}$$

La différence avec la valeur de U que nous venons de trouver n'est que de $\frac{1}{6}$ (V—W), et on verra plus tard que cette différence ne tient qu'au cas particulier que nous considérons d'un rectangle de largeur indéfinie, ou de parois latérales sans frottement, et que la formule de Dubuat se trouve vérifiée par la théorie, du moins comme approximation suffisante pour la pratique. Mais il n'en est pas de même de la formule qui donne la vitesse moyenne en fonction de la vitesse à la surface. Car comme la vitesse du fond est très-difficile à déterminer expérimentalement, ce n'est pas de la formule précédente qu'on se sert pour calculer la vitesse moyenne. Elle sert au contraire à déterminer la vitesse du fond en fonction de la vitesse à la surface et de la vitesse moyenne. Quant à cette dernière, Dubuat avait cru pouvoir la déduire de la seule vitesse à la surface, et M. de Prony avait établi sur ses expériences la formule empirique suivante, pour laquelle il avait calculé une table spéciale:

$$U=V\frac{V+2.37}{V+3.15}$$

D'après cette formule, le rapport de la vitesse moyenne à la vitesse à la surface ne dépendrait absolument que de l'intensité de cette dernière vitesse, et serait indépendant de la pente du canal, de sa hauteur et même de la vitesse du fond. De plus il ressort des coëfficients de cette formule empirique que ce rapport est toujours compris entre 0,75 et 1 et qu'il augmente avec la vitesse

$$\text{pour } V=0 \quad \text{on a } \frac{U}{V}=0,75$$

$$V=1 \ldots\ldots \frac{U}{V}=0,81$$

$$V=2 \ldots\ldots \frac{U}{V}=0,85$$

$$V=3 \ldots\ldots \frac{U}{V}=0,87$$

La théorie que nous venons d'exposer démontre que ce rapport est en effet toujours compris dans des limites assez restreintes; mais la loi de son accroissement est précisément en sens inverse de celui de la formule empirique. En effet on tire de l'équation :

$$U=\frac{2V+W}{3}$$

la suivante :

$$\frac{U}{V}=0,67+\frac{1}{3}\frac{W}{V}$$

qui fait voir que le rapport de la vitesse moyenne à la vitesse à la surface est toujours compris entre 0,67 et 1. Dans le plus grand nombre des cas où W est environ la moitié de la vitesse à la surface, ce rapport s'écarte peu de 0,80 coëfficient ordinairement employé. Ce n'est que sur ce seul point qu'il y a accord avec les expériences de Dubuat. Cette formule en effet peut se mettre sous la forme :

$$\frac{U}{V} = 0,67 + \frac{1}{3}\left(\frac{W}{W + \frac{H^2 i}{2\varepsilon}}\right) = 0,67 + \frac{1}{3}\left(\frac{1}{1 + \frac{H^2 i}{2\varepsilon W}}\right)$$

Or nous verrons plus tard que W est à peu près proportionnel à $\sqrt{Hi}$. On a donc en représentant par C une constante :

$$\frac{U}{V} = 0,67 + \frac{1}{3}\left(\frac{1}{1 + CHW}\right) = 0,67 + \frac{1}{3}\left(\frac{1}{1 + CH^{\frac{3}{2}} i^{\frac{1}{2}}}\right)$$

ainsi le rapport $\frac{U}{V}$ diminue quand la vitesse du fond et la profondeur du canal augmentent, il est constant lorsque le produit $H^{\frac{3}{2}} i^{\frac{1}{2}}$ ou HW est lui-même constant. Ce qui explique comment dans certaines circonstances l'expérience a pu vérifier la loi de Dubuat. Car il arrive presque toujours que, dans les canaux d'expérience, on est obligé de diminuer la hauteur du canal, quand on augmente la pente ou la vitesse, parce qu'on ne peut disposer que d'une quantité d'eau trop faible. Au reste la formule de Dubuat a toujours été suspecte à tous ceux qui ont réfléchi sur le phénomène. Nous avons signalé les doutes de M. de Prony. Voici comment s'exprime M. Daubuisson, *page 180*.

« Mais peut-on admettre un rapport entièrement indé-
» pendant? peut-on étendre le résultat d'observations faites
» sur de forts petits canaux en bois bien réguliers où la
» profondeur d'eau n'a pas dépassé 0,27 à des rivières dont

» le lit n'est qu'une suite de fortes inégalités et dont la pro-
» fondeur excède souvent 3 et 4 mètres, etc. »

Nous verrons tout-à-l'heure que les canaux de Dubuat, ayant à peine 0,50 de large, se trouvaient dans les plus mauvaises conditions pour révéler la loi des vitesses.

20. Si on met dans l'équation de la courbe la valeur de la vitesse moyenne, on en tire :

$$z=\frac{1}{3}H\sqrt{3}=0{,}58H$$

C'est là du reste un résultat déjà annoncé par l'expérience. (*Le filet doué de la vitesse moyenne a été habituellement trouvé un peu au-dessous de la moitié, vers les 3/5 de la profondeur.*) (Daubuisson, p. 179.)

21. On voit d'après cette analyse que la vitesse au fond étant donnée par une équation de la forme,

$$Hi=aW+bW^2$$

on aura la vitesse moyenne et la vitesse à la surface par les équations suivantes :

$$U=W+\frac{H^2 i}{3\varepsilon}$$

$$V=W+\frac{H^2 i}{2\varepsilon}$$

Ce qui résout le problême d'une manière complète pour la pratique; car on peut déterminer une quelconque des quantités W, U, V, H, i, en fonction des deux autres.

22. Voyons maintenant comment les résultats que nous venons d'obtenir se modifient dans une autre section.

Dans un tuyau cylindrique, un quelconque des cylindres concentriques, dont le rayon est r, a pour équation d'équilibre (*Fig. 6*) :

$$\pi r^2 i = 2\pi r \times -\varepsilon \frac{dv}{dr}$$

car il éprouve de la part de la pesanteur une force accélératrice proportionnelle à $\pi r^2 i$, et de la part de la couche extérieure une force retardatrice proportionnelle à son contour et à sa vitesse relative.

Cette équation se réduit à :

$$\frac{dv}{dr} = -\frac{i}{2\varepsilon} r$$

équation tout-à-fait semblable à celle que nous avons obtenue pour le rectangle, en changeant i en $\frac{1}{2} i$ (N° 15).

En appelant W la vitesse à la paroi, V la vitesse dans l'axe et R le rayon du tuyau cylindrique, nous avons de même pour équation de la courbe :

$$v = V - \frac{i}{4\varepsilon} r^2 \text{ ou } v = W + \frac{i}{4\varepsilon}(R^2 - r^2) \text{ ou } v = V - \frac{V-W}{R^2} r^2$$

Nous en conclurions de même, que toutes les fois que le diamètre change, la courbe ne change pas, elle ne fait que se prolonger jusqu'à la nouvelle paroi, et que l'effet de l'angle d'inclinaison i se borne à changer le paramètre de la parabole. (i représente aussi la charge ou la différence de niveau entre les bassins, divisée par la longueur du tuyau, en vertu de laquelle le mouvement uniforme est établi.)

23. De cette similitude de la courbe des vitesses, il ne faudrait pas conclure que la vitesse moyenne est donnée par la même formule que dans le cas du rectangle. Les couches d'égale vitesse n'étant pas dans le cylindre de surface égale, il en résulte que la couche animée de la vitesse moyenne se trouve plus près de la paroi que dans le rectangle.

En ayant égard à cette considération, on a, pour déterminer la vitesse moyenne de la section, l'équation :

$$\Omega U = \int_0^R v\omega dr$$

En appelant ωdr la surface d'un anneau d'égale vitesse, ou en mettant pour Ω, v, ω, leurs valeurs :

$$\pi R^2 U = \int_0^R \left(V - \frac{V - W}{R^2} r^2 \right) 2\pi r dr$$

d'où
$$U = \frac{W + V}{2}$$

qui est la formule générale de Dubuat. Ainsi dans le cylindre, la vitesse moyenne est une moyenne arithmétique entre la vitesse à la paroi et la vitesse du filet central. On détermine la distance de cette couche à l'axe, en faisant dans l'équation de la courbe $v = \frac{W + V}{2}$ et on trouve :

$$\rho = \frac{1}{2} R \sqrt{2} = 0{,}70\, R$$

la vitesse moyenne est plus près de la paroi que dans le rectangle (N° 20), comme on devait s'y attendre.

24. Pour le tuyau cylindrique, les équations qui doivent servir à déterminer les quantités W, U, V, R, i, en fonction des deux autres, sont donc :

$$\frac{1}{2}Ri = aW + bW^2$$

$$U = W + \frac{R^2 i}{8\varepsilon}$$

$$V = W + \frac{R^2 i}{4\varepsilon}$$

On doit remarquer que ces équations ont lieu pour le demi-cylindre comme pour le cylindre entier, que par conséquent on pourrait observer à la surface la forme de la courbe des vitesses, ce qui est beaucoup plus facile que dans l'intérieur du liquide. Ces équations sont d'ailleurs d'une application plus générale encore, comme on le verra tout à l'heure.

25. Considérons maintenant, un filet m, animé de la vitesse v, dans un canal rectangulaire (fig. 7). Prenons pour axes des Z et des Y, dans une section, la surface naturelle du courant OY et la verticale OZ. Il est clair que ce filet dont les dimensions sont dz et dy est soumis à une force accélératrice $idzdy$ de la part de la pesanteur, qu'il est entraîné par le filet supérieur et retardé par le filet inférieur avec une intensité proportionnelle à sa largeur dy et à sa vitesse relative, et que par conséquent la résultante de ces deux forces est $-\varepsilon\frac{d^2v}{dz}dy$, comme nous l'avons fait voir. Il est de même entraîné par le filet de droite et retardé par filet de gauche, et la résultante de ces deux forces est proportionnelle à $-\varepsilon\frac{d^2v}{dy}dz$.

La surface des vitesses est donc représentée ici par l'équation aux différences partielles :

$$i = -\varepsilon\frac{d^2v}{dz^2} - \varepsilon\frac{d^2v}{dy^2} \qquad (1)$$

qui est identique avec celle donnée par M. Navier (*p. 417 du Mémoire cité*), et dont il a donné une solution complète dans le cas général du mouvement varié. Mais les résultats sont inexacts, en ce que la résistance à la paroi est représentée dans le calcul comme simplement proportionnelle à la vitesse.

Il est évident qu'une équation quelconque du second degré en z et y, résout l'équation aux différences partielles que nous venons de poser; de plus, si on suppose, au-dessus du canal rectangulaire inférieur dans lequel l'écoulement a lieu, un rectangle égal dans une position renversée A A'B'B, il est clair que cela ne changera la vitesse d'aucun des filets du rectangle primitif, les courbes situées dans des sections verticales et horizontales sont donc symétriques et ont une tangente verticale ou horizontale perpendiculaire à leur axe. D'où il suit que l'équation du second degré qui satisfait à l'équation ci-dessus est de la forme :

$$v = C - Az^2 - By^2 \qquad (2)$$

Soient : V la vitesse centrale en O.
W la vitesse au fond en F.
V_1, W_1 les vitesses à la paroi en A et en C.
H la hauteur du rectangle.
L sa demi-largeur.

w la vitesse variable des filets contigus à la paroi horizontale F C.

w_1 la vitesse variable des filets contigus à la paroi verticale A C.

On remplacera les constantes A, B, C de l'équation (2) par les vitesses V, W, V_1, en y faisant tour-à-tour et à la fois z et y nuls, et elle pourra se mettre sous la forme :

$$v = V - \frac{V - W}{H^2} z^2 - \frac{V - V_1}{L^2} y^2 \qquad (3)$$

Pour déterminer les trois vitesses inconnues V, W, V_1, on a trois équations de condition qui expriment que les forces qui agissent sur le système se font équilibre : la première qui correspond à l'équation (1), s'obtient en exprimant que chaque filet est en équilibre par rapport aux forces qui proviennent du glissement des quatre filets contigus :

$$i = 2\varepsilon \frac{V - W}{H^2} + 2\varepsilon \frac{V - V_1}{L^2} \qquad (4)$$

les deux autres s'obtiennent en exprimant : 1° que l'adhérence le long de la paroi verticale retient la tranche qui se meut le long de cette paroi avec la même énergie qu'elle est entraînée par la cohésion; 2° que l'adhérence le long de la paroi du fond est égale à l'énergie de la cohésion sur la couche inférieure :

$$\int_0^L (aw + bw^2)\, dy = 2\varepsilon \frac{V - W}{H} L \qquad (5)$$

$$\int_0^H (aw_1 + bw_1^2)\, dz = 2\varepsilon \frac{V - V_1}{L} H \qquad (6)$$

Les variables w, w_1 s'exprimeraient en y et en z en faisant $z=H$, et $y=L$, dans l'équation (3) on aurait :

$$w=W-\frac{V-V_1}{L^2}y^2 \quad . \quad w_1=V_1-\frac{V-W}{H^2}z^2$$

Les trois équations (4), (5), (6), déterminent évidemment les trois vitesses V, V_1, W, qui sont les seules quantités inconnues qui entrent dans l'équation (3) de la surface des vitesses.

On pourrait arriver à l'équation (4) en exprimant que la force de la pesanteur qui entraîne toute la section est égale à l'adhérence le long des deux parois, on aurait :

$$LHi=\int_0^L (aw+bw^2)dy+\int_0^H (aw_1+bw_1^2)dz$$

en remplaçant dans cette équation l'adhérence de chacune des parois par la force de cohésion qui entraîne la couche contiguë, en vertu des équations (5) et (6), on reproduit l'équation (4).

L'équation (3) ne renfermant plus que des quantités connues peut servir à calculer la vitesse d'un filet quelconque, situé dans la masse rectangulaire, au moyen de ses coordonnées. En faisant $z=H$, $y=L$, on a la vitesse W_1 du filet situé à l'angle C, qui est la plus petite de toutes les vitesses.

$$W_1=W+V_1-V$$

ou

$$W_1+V=W_1+V_1$$

C'est à dire que la somme des vitesses situées à l'extrémité des deux diagonales du demi-rectangle est la même.

26. La vitesse moyenne est donnée par l'équation :

$$LHU = \int_0^H \int_0^L \left(V - \frac{V-W}{H^2} z^2 - \frac{V-V_1}{L^2} y^2\right) dy\, dz$$

d'où on tire l'équation fort simple :

$$U = \frac{V+V_1+W}{3} \qquad (7)$$

On peut au reste, avec l'équation précédente, qui donne la plus petite vitesse W_1 en fonction des trois autres, remplacer dans cette formule une vitesse quelconque par sa valeur et obtenir deux autres formules :

$$U = \frac{2V+W_1}{3} = \frac{2(V_1+W)-W_1}{3}$$

On a donc la vitesse moyenne en fonction des vitesses V, V_1, W faciles à déterminer par le calcul. Si nous supposons, par exemple, H=L, ce qui arrive pour un tuyau ou pour un canal ouvert dont la hauteur est la moitié de la largeur totale, on a :

$$V_1 = W \text{ et } V - W = \frac{H^2 i}{4\varepsilon}$$

comme pour un tuyau cylindrique (N° 24), dont le rayon serait H, mais la vitesse moyenne qui est alors :

$$U = \frac{V+2W}{3}$$

est plus petite comme on devait s'y attendre. La vitesse maximum W à la paroi se déterminerait par l'équation :

$$\int_0^H \left[a\left(W - \frac{i}{4\varepsilon} y^2\right) + b\left(W - \frac{i}{4\varepsilon} y^2\right)^2\right] dy = \frac{1}{2} Hi$$

qui ne présente aucune difficulté. Remarquons en passant que, dans ce canal rectangulaire, la courbe des vitesses sur la surface est la même que dans une tranche verticale. On peut donc la constater facilement par expérience, et en tirer la valeur du coëfficient :

$$\varepsilon = \frac{H^2 i}{4(V-W)}$$

qui représente l'énergie de la cohésion. Dans un canal rectangulaire quelconque on aurait, en vertu de l'équation (4) :

$$\varepsilon = \frac{\frac{1}{2} L^2 H^2 i}{(V-W) L^2 + (V-V_1) H^2}$$

C'est donc à tort que M. Navier, dit (*page 435 du Mémoire cité*) « Il paraît difficile, quant à présent, d'exécuter des expériences dont on puisse conclure avec une exactitude suffisante, la valeur de la constante ε. On voit, au contraire, qu'il suffit d'observer la courbe des vitesses à la surface, dans un canal ayant une largeur double de sa profondeur ou même ayant des dimensions quelconques, car si on a, par l'observation V et V_1, on pourra déduire $W = 3U - (V + V_1)$ (7) d'un jaugeage du produit du canal qui donnera U. L'expression générale de ε ne renfermant que des quantités faciles à obtenir, on pourra donc déterminer ce coëfficient avec une grande précision, en faisant varier dans de nombreuses expériences l'inclinaison et les dimensions du canal.

27. Dans le cas d'un rectangle quelconque, on peut, si on veut, se contenter d'une approximation plus que suffi-

sante pour la pratique, simplifier les formules précédentes en représentant la résistance à la paroi, comme simplement proportionnelle à la vitesse moyenne sur cette paroi. Ainsi, sur la paroi verticale, elle serait : $E\left(V_1-\frac{V-W}{3}\right)$ sur le fond : $E\left(W-\frac{V-V_1}{3}\right)$. E serait une constante dont on déterminerait la valeur par la condition $EW'=aW'+bW'^2$, en appelant W' la vitesse moyenne à la paroi donnée par l'équation $LHi=(L+H)(aW'+bW'^2)$. On aurait en négligeant a (ce qui comme on le verra plus tard est presque toujours permis) :

$$E=\sqrt{\frac{bLHi}{L+H}}$$

Les trois équations de condition qui donnent les trois vitesses deviennent alors :

$$\frac{V-W}{H^2}+\frac{V-V_1}{L^2}=\frac{i}{2\varepsilon}$$

$$E\left(V_1-\frac{V-W}{3}\right)=2\varepsilon\frac{V-V_1}{L}$$

$$E\left(W-\frac{V-V_1}{3}\right)=2\varepsilon\frac{V-W}{H}$$

Ces trois équations, du premier degré en V, V_1, W, détermineront facilement ces trois quantités.

28. Telles sont les formules qu'il faudrait appliquer dans le cas des canaux d'expérience dont la hauteur et la lar-

geur ne diffèrent pas beaucoup; mais si le canal avait une largeur très-considérable pour sa hauteur, on pourrait avoir recours à la méthode et aux formules suivantes :

Soit toujours W' la vitesse moyenne à la paroi donnée par l'équation $LHi = (L+H)(aW' + bW'^2)$, nous pourrons supposer sans erreur sensible la vitesse à la paroi constante et égale W' le long du côté vertical AC. Or si nous considérons le rectangle AOnm (fig. 8), dont la hauteur Am=z, nous aurons pour son équation d'équilibre, en appelant u la vitesse moyenne de la tranche mn :

$$Lzi = -\varepsilon L \frac{du}{dz} + z(aW' + bW'^2)$$

$-\varepsilon \dfrac{L du}{dz}$ exprime le frottement de cohésion suivant, mn et $z(aW' + bW'^2)$ le frottement d'adhérence suivant Am. Or ce dernier, en vertu de l'équation ci-dessus, peut se mettre sous la forme $z \dfrac{LHi}{L+H}$, on a donc :

$$-\varepsilon \frac{du}{dz} = iz\left(1 - \frac{H}{L+H}\right) = \frac{iL}{L+H} z$$

ou en intégrant et appelant V' la vitesse moyenne à la surface:

$$u = V' - \frac{i}{2\varepsilon} \frac{L}{L+H} z^2$$

formule exactement semblable à celle que nous avons trouvée pour le rectangle indéfini (N° 15); il suffit de changer i en $i \dfrac{L}{L+H}$. Ainsi l'effet de la paroi latérale se réduit à diminuer l'angle d'inclinaison dans le rapport de L à L+H. On peut donc appliquer aux rectangles larges les conséquences que nous avons déduites de cette formule dans le cas du rectangle indéfini.

29. Le même procédé et la même méthode de calcul s'appliqueraient à un trapèze (fig. 9) et à toute figure terminée latéralement par une courbe dont la longueur serait une fonction de z; mais il est plus simple et tout aussi exact de substituer au côté incliné AC du trapèze, une paroi verticale A'C', donnant à la section une surface égale.

En effet, en attribuant à la paroi inclinée la même vitesse moyenne qu'à la paroi du fond, on exagère la résistance due à cette paroi, on la diminue au contraire, lorsqu'on lui substitue une paroi verticale, il y a donc dans cette double hypothèse une espèce de compensation qui contribue à l'exactitude du résultat.

30. Soit maintenant ABCD (fig. 10), une section quelconque, mais telle cependant qu'à sa surface un seul filet O ait la propriété d'avoir une vitesse maximum. Du point O comme centre, menons divers rayons au périmètre mouillé ADCB, divisons chacun de ces rayons en un nombre égal d'éléments et joignons tous les éléments correspondants par une ligne polygonale. Il est clair que nous formerons ainsi une série de surfaces et de courbes semblables à la section du canal et à son périmètre. Soient ω et ψ la surface et le périmètre d'une de ces sections, r une longueur comptée sur un certain rayon $OD=R$ que nous allons définir. Nous aurons à cause de la similitude des figures :

$$\omega=\Omega\frac{r^2}{R^2},\quad \psi=\chi\frac{r}{R}$$

Si nous considérons la section quelconque $Oadcb$, nous reconnaîtrons qu'elle est entraînée par la pesanteur avec une intensité proportionnelle à ωi et retenue par la résistance due à son glissement sur la couche concentrique inférieure. Or si nous appelons $d\sigma$ un élément quelconque du périmètre $adcb=\psi$, et dv l'accroissement de vitesse de deux filets consécutifs situés sur la même normale, la résistance due au glissement d'un point du périmètre sera $-\varepsilon \frac{dv}{dz} d\sigma$ et la résistance du périmètre entier $-\varepsilon\psi \frac{du}{dz}$ en appelant $\frac{du}{dz}$ une valeur moyenne de la quantité $\frac{dv}{dz}$, qui dans chaque section concentrique se trouvera toujours très-peu distante de celle qui a lieu sur un certain rayon OD.

Soit μ l'angle de ce rayon, qui contient les vitesses moyennes, avec la normale, on aura $dz=dr\cos\mu$ et par conséquent :

$$\omega i = -\varepsilon\psi \frac{1}{\cos\mu} \frac{du}{dr}$$

mettant pour ω et ψ leurs valeurs, il vient :

$$\frac{du}{dr} = -\frac{i}{\varepsilon} \frac{\Omega}{\chi} \frac{\cos\mu}{R} r$$

et en intégrant $$u = V - \frac{i}{2\varepsilon} \frac{\Omega}{\chi} \frac{\cos\mu}{R} r^2$$

et en appelant W' la vitesse moyenne à la paroi, qui est donnée par l'équation précédente en y faisant $r=R$, on en déduira :

$$\frac{i\Omega\cos\mu}{2\varepsilon\chi R} = \frac{V-W'}{R^2}$$

et $$u = V - \frac{V-W'}{R^2} r^2$$

même équation que pour le cas d'un cylindre (N° 22). La vitesse moyenne serait donnée par l'équation:

$$U\Omega = \int_0^\Omega u d\omega$$

Or l'équation $\omega = \frac{\Omega}{R^2} r^2$ donne $d\omega = \frac{2\Omega}{R^2} r dr$. On a donc :

$$U = \frac{1}{R^2} \int_0^R \left(V - \frac{V - W'}{R^2} r^2 \right) 2 r dr = \frac{V + W'}{2}$$

relation très-remarquable en ce qu'elle est indépendante de la figure de la section et qu'elle est complètement d'accord avec la loi de Dubuat. Remarquons que V désigne ici la vitesse maximum à la surface et W' la vitesse moyenne à la paroi. Or, si la paroi est telle que les vitesses ne soient pas trop différentes, cette vitesse sera donnée par l'équation :

$$\frac{\Omega}{\chi} i = aW' + bW'^2$$

ainsi en ajoutant à cette équation les deux suivantes :

$$V = W' + \frac{i}{2\varepsilon} \frac{\Omega}{\chi} R \cos \mu$$

$$U = \frac{V + W'}{2}$$

le problème se trouve résolu pour une section quelconque.

Les formules que nous avons données plus haut résolvent d'une manière suffisante le cas des sections larges; en réservant ces dernières formules pour le cas des sections qui affectent la figure circulaire, c'est-à-dire dont les rayons, à partir du point O, varient peu entre eux, on en conclura que $R\cos\mu$ peut y être remplacé par la profondeur P de la section. Car si la figure affecte une forme circulaire, R variera très-peu et $\cos\mu$ sera une fraction peu différente de l'unité.

Nous avons donc :

$$\frac{\Omega}{\chi} i = aW' + bW'^2$$

$$V = W' + \frac{i}{2\varepsilon} \frac{\Omega}{\chi} P$$

$$U = \frac{V + W'}{2} = W' + \frac{i}{4\varepsilon} \frac{\Omega}{\chi} P$$

si dans ces formules on pose $\Omega = \pi R^2$, $\chi = 2\pi R$, on retrouvera les formules qui appartiennent à la section circulaire. Si on pose $\Omega = LH$, $\chi = L + H$, $P = H$, on retrouvera celle qui a été donnée pour la section rectangulaire allongée, sauf en ce qui concerne la vitesse moyenne qui sera plus petite de $\frac{1}{6}$ (V—W'), quantité fort petite. On peut donc, sans erreur sensible, considérer les formules précédentes comme s'appliquant à une section quelconque.

31. Nous avions besoin d'en généraliser l'application pour en comparer les résultats à ceux des formules actuelles de l'hydraulique.

Si on élimine V des trois équations ci-dessus, il ne reste plus que

$$U = W' + \frac{i}{4\varepsilon}\frac{\Omega}{\chi}P$$

$$\frac{\Omega}{\chi} i = aW' + bW'^2 \qquad (1)$$

qui doivent remplacer la formule unique aujourd'hui en usage

$$\frac{\Omega}{\chi} i = \alpha U + \beta U^2 \qquad (2)$$

qui donne immédiatement la vitesse moyenne sans passer par la vitesse du fond. Pour que cette dernière fût exacte, il faudrait que le rapport $\frac{W'}{U}$ fût constant. Car l'équation exacte (1) peut s'écrire sous la forme

$$\frac{\Omega}{\chi} i = \frac{W'}{U} aU + \frac{W'^2}{U^2} bU^2$$

Or si $\frac{W'}{U}$ est constant, on peut poser

$$\frac{W'}{U} a = \alpha, \quad \frac{W'^2}{U^2} b = \beta$$

et on retrouve l'équation (2), mais

$$\frac{W'}{U} = \frac{W'}{W' + \frac{i}{4\varepsilon}\frac{\Omega}{\chi}P}$$

et en mettant pour $\frac{\Omega}{\chi} i$ sa valeur approchée bW^2 on a :

$$\frac{W'}{U} = \frac{1}{1 + \frac{b}{4\varepsilon} PW'}$$

Or nous verrons tout à l'heure que $b = 0{,}00031$ à peu près, et que $\frac{1}{\varepsilon}$ est beaucoup plus petit que 3200. On a donc en admettant ces chiffres :

$$\frac{W'}{U} = \frac{1}{1 + 0{,}25 PW'}$$

cette équation fait voir d'abord, que dans un même cours d'eau ce rapport varie peu, car la vitesse W′ diminue quand la profondeur P augmente, puisque le débit est constant; qu'ensuite dans les cours d'eau à faible vitesse, ou peu profonds, comme dans ceux où Dubuat a recherché la relation qui existe entre les vitesses et où la profondeur ne dépassait pas 0,27, ce rapport est aussi très-peu variable; que par conséquent, dans toutes ces circonstances, en prenant pour α et β des valeurs moyennes, les résultats du calcul ne pourront pas s'éloigner beaucoup de ceux de l'expérience. C'est ainsi que M. de Prony a pu être conduit à conclure la généralité de sa formule de la concordance des valeurs que donnaient les expériences pour les coëfficients α et β. Plus tard M. Eytelwein réunissant un plus grand nombre d'expériences, dans lesquelles les vitesses moyennes de l'eau, le périmètre et les sections atteignirent des limites plus étendues, en déduisit des coëfficients sensiblement différents.

M. de Prony avait proposé :

$$\alpha = 0,00004444999 \quad \beta = 0,000309314$$

M. Eytelwein leur substitua :

$$\alpha = 0,0000242651 \quad \beta = 0,000365543$$

et ces dernières valeurs ont été adoptées par tous les hydrauliciens. Il suffit de jeter un coup d'œil sur ces chiffres pour voir combien on est loin d'un résultat précis, et nous ne concevons pas comment avec de pareilles différences on peut avoir la patience inutile d'employer dans les calculs des nombres qui contiennent autant de chiffres significatifs. Puisque on ne sait pas si $\alpha = 24$ ou 44, si $\beta = 30$ ou 36, il est évident que les décimales qu'on ajoute à ces nombres n'ajoutent rien à leur exactitude. On a, à ce qu'il nous semble, complètement méconnu la signification et la portée de ces coëfficients sur lesquels les considérations que nous avons exposées nous semblent donner des notions précises. Nous avons fait voir d'abord qu'on avait entre la *vitesse à la paroi*, la surface et le périmètre d'une section une relation de la forme

$$\frac{\Omega}{\chi} i = a\mathrm{W} + b\mathrm{W}^2 + \ldots\ldots$$

et qu'en supposant avec Dubuat $\mathrm{W} = f(\mathrm{U})$, cette relation se changeait nécessairement en

$$\frac{\Omega}{\chi} i = \alpha\mathrm{U} + \beta\mathrm{U}^2 + \ldots\ldots$$

les coëfficients a et b, α et β, étant simplement les premiers coëfficients du développement en série de la fonction inconnue $\frac{\Omega}{\chi} i = \Phi(\mathrm{U})$ coëfficients qu'on peut déterminer par expérience. Ainsi présentée la formule ordinaire n'est susceptible que de deux objections.

32. Elle suppose que la vitesse de tous les filets contigus à la paroi est la même, ce qui n'est vrai que pour certaines sections particulières; elle suppose comme nous venons de le dire que la vitesse $U=F(W)$ est indépendante de la pente i, du périmètre χ et de la surface de la section Ω, ce qui est impossible, ainsi que nous l'avons vu.

Pour lever ces deux objections et autoriser l'usage de cette formule, il faut, lorsque la section est telle que les vitesses à la paroi ont des différences très-sensibles, comme dans la fig. 11, décomposer ces sections en plusieurs parties auxquelles on appliquera la formule, et de plus faire varier convenablement les coëfficients α et β, suivant la pente et la grandeur de la section.

Ce n'est pas ce qu'on a fait: « partant d'idées émises par » Coulomb, dit M. de Prony (§ 138), M. Girard considé- » rant que l'eau qui glisse sur la paroi mouillée, ou plus » exactement sur la couche d'eau adhérente à cette paroi, » est d'abord retardée par la viscosité qui tend à la rete- » nir sur cette couche, il conclut de ce fait une première » force retardatrice proportionnelle à la vitesse. Mais outre » la viscosité, dont l'effet est indépendant des aspérités sur » la paroi qui tend à la retenir sur cette couche, il faut » encore avoir égard à ces aspérités, qui donnent lieu à » une seconde résistance ou force retardatrice, analogue à » celle du frottement du corps solide dont elle diffère néan- » moins, en ce que sa valeur ne varie pas avec la pression. » Cette résistance suit la raison composée de la force et du » nombre, pendant un temps donné, des impulsions que » reçoivent les aspérités, ce qui la rend proportionnelle au » carré de la vitesse. »

Sur ces notions qu'aucun principe de mécanique ne justifie, ainsi que l'a déjà fait remarquer M. Poncelet (*Mécanique industrielle, p. 550*), on a admis que la formule $\alpha U + \beta U^2$ n'était pas simplement une formule d'interpolation, mais une loi naturelle que le terme en αU représentait la résistance due à la cohésion des molécules entre elles et le terme βU^2 la résistance due à l'adhérence à la paroi solide (*Daubuisson, p. 128*), (*Poncelet, p. 550*). Cependant M. de Prony, dans ses Recherches Mathématiques avait déjà fait voir que, quand même ont eût été assez heureux pour connaître la loi exacte par rapport à la vitesse à la paroi, on n'avait plus pour la relation avec la vitesse moyenne, qu'une formule d'interpolation, susceptible d'être représentée par $C + \alpha U$ ou par $C + \alpha U + \beta U^2$ ou par $C + \alpha U + \beta U^2 + \gamma U^3$, et *qu'il fallait recourir aux examens physiques et aux épreuves pour connaître jusqu'à quel degré de vitesse les trois termes pouvaient conduire (p. 60)*; mais on perdit de vue cette distinction, et entraîné, comme nous l'avons dit, par la masse des expériences calculées par Eytelwein, sur la formule de M. de Prony, on considéra les deux coëfficients α et β comme deux quantités constantes que pouvaient donner les expériences.

33. En effet, M. de Prony, pour déterminer ces coëfficients s'était servi de trente et une expériences dans lesquelles :

La vitesse n'avait pas dépassé.	$0^m,88$ par seconde;
Le périmètre.	$16^m,00$ de développement;
La section.	$29^m,00$ carrés.

Les différences entre les vitesses moyennes observées et les vitesses moyennes calculées étaient comprises entre

18 p. % en plus et 16 p. % en moins (*Voir le tableau n° 3*). Sur ces trente et une expériences, vingt-trois avaient été faites dans des canaux artificiels n'ayant pas $0^m,1$ carré de section et n'ayant pas 1^m de périmètre; huit seulement avaient été observées sur des canaux naturels, et encore d'assez petite dimension, comme on vient de le voir. Or il faut remarquer que pour les canaux naturels la vitesse moyenne n'est pas une donnée d'expérience, mais un résultat de calcul; M. de Prony ayant donc appliqué la formule de Dubuat, pour obtenir les vitesses moyennes, il arriva (*p. 81*) : « Que les cinq premières de ces huit valeurs, » ainsi calculées, étaient hors de ligne par rapport aux » vingt-trois conclues d'observation. » Alors M. de Prony substitua dans le calcul de la vitesse moyenne, sa formule empirique et obtint des valeurs moins discordantes. Mais nous avons vu que cette formule empirique qui fait croître le rapport $\frac{U}{V}$ à contre sens était inadmissible. Ces huit expériences que M. de Prony n'avait ajoutées aux vingt-trois de Dubuat, *que parce qu'on pourrait soupçonner les conclusions tirées du mouvement de l'eau dans de petits canaux factices de n'être pas applicables à de grands canaux*, ont donc nécessairement plutôt altéré que corrigé les résultats.

Eytelwein appliqua les mêmes formules à cinquante-une autres expériences recueillies dans divers ouvrages d'hydraulique et faites dans des limites beaucoup plus étendues :

La vitesse s'élevait jusqu'à . . .	2^m41
Le périmètre mouillé jusqu'à. . .	524^m »
La section jusqu'à	2601^m »

Le rapport $\frac{\Omega}{\gamma}$ qui représente la hauteur moyenne de l'eau dans ces grandes sections, atteint la limite de 5^{m} dans quelques-unes de ces expériences qui embrassent par conséquent la plupart des cas que peut présenter la pratique. Si les données de ces expériences et les formules qui leur furent appliquées pour déterminer la vitesse moyenne avaient été exactes, Eytelwein aurait dû en déduire des coëfficients plus faibles que ceux de M. de Prony, c'est ce que démontrent les formules que nous avons données plus haut; or c'est le contraire qui est arrivé (*), du moins pour le coëfficient β qui dans les grandes vitesses influe à peu près seul sur les résultats. Peut-on en faire une objection contre les formules qui reposent sur une distribution rationnelle des vitesses? Nous croyons, au contraire, qu'il en résulte une preuve de plus que ces expériences ne méritent aucune espèce de confiance et qu'il est impossible d'en tirer autre chose que de très-vagues indications.

34. En effet, lorsqu'au lieu de prendre un canal artificiel de forme et de pente régulière on applique les formules du mouvement uniforme à un cours d'eau naturel de grande section et de grande vitesse, voici ce qui arrive :

D'abord la formule $\frac{\Omega}{\chi}i = \alpha U + \beta U^2$ n'est plus applicable qu'entre deux sections ayant la même vitesse moyenne.

Partout ailleurs, il faut ajouter à cette formule un terme, qui peut en changer complètement le résultat, s'il s'agit

(*) Cette anomalie ne s'est point présentée dans les expériences sur les tuyaux. M. de Prony avait trouvé $b = 0,00034$. Eytelwien, qui a expérimenté sur de plus forts diamètres, a trouvé $b = 0,00028$, et on a reconnu depuis qu'effectivement ce coëfficient était préférable pour les grands diamètres, ce qui est conforme à la théorie précédente de la distribution des vitesses.

de sections rapprochées, comme nous le ferons voir dans le chapitre suivant. Or, lorsque les expériences calculées par Eytelwein ont été faites, la formule du mouvement varié n'était pas encore employée par les hydrauliciens. Première cause d'erreur.

Si les sections étaient un peu éloignées, seul cas où la formule du mouvement uniforme est applicable sans erreur trop grossière, alors on ne sait plus quelle est la section Ω, quel est le périmètre χ, qu'il faut introduire dans le calcul. En prenant des moyennes entre les diverses valeurs de ces quantités dans la partie du cours d'eau considérée, on n'a plus, comme dans le canal régulier, des chiffres exacts, c'est une approximation plus ou moins grossière. Seconde cause d'erreur.

Ensuite, comme nous venons de le dire tout à l'heure, la vitesse moyenne, la quantité la plus importante à introduire dans la formule, parce qu'elle y entre au carré, n'est pas un résultat immédiat d'observations, il faut la déduire de formules inexactes et de données extrêmement difficiles à obtenir; il y a donc là une cause d'incertitude énorme pour tout observateur consciencieux. Troisième cause d'erreur.

Enfin, la formule du mouvement uniforme suppose que la section et le périmètre du cours d'eau sont constants; lorsque cette circonstance n'existe pas, il en résulte que les divers filets du courant n'ayant pas des vitesses parallèles éprouvent de nouvelles forces retardatrices, dont nous parlerons plus tard. Il y a alors des remous, des tourbillons qui absorbent une grande partie de la force vive dont le cours d'eau est animé. De plus les inégalités transversales et longitudinales de la paroi augmentent nécessairement la résistance due à l'adhérence qui n'est plus proportionnelle ni à son périmètre donné par un sondage transversal, ni au chemin parcouru compté sur l'axe du courant. De cet ensemble de circonstances surgit une quatrième cause d'erreur qui domine tellement toutes les autres, que nous lui attribuons l'exagération des coëfficients déduits des expériences calculées par Eytelwein. En appliquant la formule de M. de Prony à de grandes sections, on aurait dû trouver des vitesses trop faibles, parce que cette formule ne tient pas compte de la vitesse relative que prennent les molécules en s'éloignant de la paroi, on a au contraire trouvé des vitesses trop fortes, parce qu'en s'adressant à de grandes sections, on s'est adressé en même temps à des sections irrégulières et qu'on n'a pas tenu compte des pertes de force vive dues à ces irrégularités.

Nous regardons donc cette phrase, qu'on trouve dans plusieurs traités d'hydraulique (*M. Belanger, page 6. M. Genieys, page 13*), comme une erreur et comme une injustice.

« Selon M. Eytelwein, qui a suivi les traces de M. de
» Prony, pour la théorie du mouvement de l'eau dans les
» canaux, mais qui a eu l'avantage de réunir un plus grand
» nombre d'expériences..... »

Suivant nous, ce n'est pas marcher sur les traces de M. de Prony, qui a fait faire de si grands pas à la science de l'hydraulique, que d'entasser expériences sur expériences, sans ordre et sans méthode, pour faire sortir de ce mélange incohérent des chiffres qui n'ont d'autre mérite que d'être différents.

Des expériences, si nombreuses qu'elles soient, loin d'être un avantage, sont un inconvénient, lorsqu'elles ne sont pas guidées par une saine théorie; elles ne font alors que donner l'apparence de la vérité à des erreurs graves.

Au reste, il s'en faut encore beaucoup que les coëfficients d'Eytelwein représentent d'une manière satisfaisante toutes les expériences dont on les a déduits. Si on jette les yeux sur la seconde table de M. de Prony, où se trouve la comparaison entre les vitesses calculées et les vitesses observées, on y trouvera de nombreuses anomalies qui s'élèvent jusqu'à 33 p. %; et qu'on remarque que si M. de Prony avait mis en comparaison, non pas les vitesses qui se trouvent à peu près proportionnelles aux racines carrées des coëfficients, mais ces coëfficients eux-mêmes, ou le périmètre mouillé, ou la pente, ces erreurs se seraient élevées à 80 p. %. Ainsi, à part toute considération théorique, on voit que les résultats de ces expériences ne devraient être acceptés qu'avec une extrême défiance.

35. D'après ce que nous venons de dire, il y a maintenant pour les physiciens géomètres, qui voudraient faire faire un progrès réel à la science hydraulique, de nouvelles expériences à faire, dont nous concevons ainsi le programme.

Rechercher dans une série d'expériences distinctes et spéciales la loi qui donne la vitesse à la paroi en fonction de la pente, du périmètre et de la section; autrement, déterminer les coëfficients a et b de la formule :

$$\frac{\Omega}{\chi} i = a\mathrm{W} + b\mathrm{W}^2.$$

Reconnaître jusqu'à quelle limite de vitesse ces coëfficients peuvent être considérés comme constants; et à ce sujet nous ferons observer que jusqu'à présent on n'a fait entrer dans le calcul que des vitesses au-dessus de $0^m,12$.

Ce n'est que par interpolation que dans les tables on est descendu au-dessous de cette vitesse, et alors la formule de M. de Prony et celle d'Eytelwein ont donné des résultats complètement discordants. Ainsi pour la vitesse 0,01

les coëfficients d'Eytelwein donnent : $\frac{\Omega}{\chi}i=0,000003$

ceux de M. de Prony : $\frac{\Omega}{\chi}i=0,000005$

En faisant descendre la vitesse au-dessous de $0^m,12$, on déterminerait donc une partie de la loi cherchée, aujourd'hui complètement inconnue, et on rectifierait les notions si vagues et si incertaines qu'on a sur les parties voisines. L'ensemble de ces expériences devrait être fait dans des cylindres de petit diamètre, ou dans des sections rectangulaires quelconques, dans lesquelles la couche du fluide aurait peu d'épaisseur, ou aurait été divisée par de nombreuses cloisons verticales. Les expériences en petit se prêtent parfaitement à cette partie des recherches, qui sont par conséquent susceptibles d'une assez grande précision.

En isolant les expériences faites avec des parois de diverses matières, telles que la fonte, le verre, le plomb pour les tuyaux, le bois, la maçonnerie, la terre, le sable pour les canaux découverts, on pourrait vérifier l'exactitude de cette propriété importante de l'adhérence des liquides aux solides, d'être complètement indépendante de la nature de la paroi. M. de Prony a plusieurs fois appelé l'attention sur la possibilité de confondre les valeurs de α et de β qui conviennent aux tuyaux avec celles qui conviennent aux canaux découverts. Il a fait ressortir cette possibilité en mettant en regard des diverses valeurs de Hi des canaux celles de $\frac{1}{2}Ri$ des tuyaux qui se trouvent en général assez peu différentes. Cette comparaison ne pouvait évidemment prouver cette identité lorsqu'on donnait à U la signification de vitesse moyenne; nous avons vu qu'alors le canal suivant sa section, le tuyau suivant son diamètre, devaient donner des valeurs différentes pour les coëfficients. Mais si les expériences étaient réellement comparables, si elles étaient toutes faites de manière à déterminer la vitesse à la paroi, on pourrait alors réellement en conclure l'influence de la nature de cette paroi. Cependant les comparaisons faites par M. de Prony, nous semblent prouver que cette influence, si elle existe, est nécessairement très-faible. On sait déjà que l'adhérence qui produit les phénomènes capillaires est indépendante de la nature du solide, ce serait alors une propriété commune à ces deux forces, qui pourrait les rattacher à une même théorie. Alors les coëfficients a et b ne changeraient plus qu'avec la nature des fluides. (M. Navier dans son Mémoire (*p. 434*), cite, au contraire, des expériences d'où il résulterait que l'adhérence dépend à la fois du fluide et du solide. C'est donc un point à éclaircir.)

Après avoir trouvé les valeurs de a et de b qui peuvent servir à déterminer la vitesse à la paroi, il faudrait chercher dans un autre système d'expériences le coëfficient numérique qui doit servir à calculer la vitesse moyenne, coëfficient que nous avons désigné par ε et qui représente la cohésion des molécules du fluide entre elles. C'est par la détermination de la courbe des vitesses dans des courants profonds, rapides, larges, qu'on peut y arriver de la manière la plus sûre. Il s'agit de déterminer le paramètre d'une parabole, il faut donc tâcher de se procurer des points les plus éloignés possible du sommet. Des expériences en grand nous semblent donc indispensables pour arriver à une certaine précision. En se bornant à de petites sections, les erreurs même légères des expériences pourraient en entraîner de graves dans la valeur de ε. Il faudrait de plus s'assurer que le mouvement observé est uniforme, car nous verrons tout à l'heure que le mouvement varié altère complètement la distribution de la vitesse dans la masse fluide. Malgré les difficultés que nous venons de signaler nous croyons qu'il sera encore assez facile de déterminer la valeur de ε. Nous avons fait voir en effet qu'on peut substituer des observations de surface à des observations de profondeur, et varier indéfiniment les circonstances des expériences sans sortir des limites qui doivent servir à déterminer cette quantité.

36. En attendant qu'un expérimentateur habile ait complété et réalisé ce programme, voici, selon nous, quelles sont les méthodes et les chiffres les plus propres à donner un résultat exact dans les problêmes relatifs au mouvement uniforme.

Une section étant donnée, il faut d'abord, si cela est nécessaire, la diviser en autant de parties qu'il y aura de vitesses sensiblement différentes à la paroi, et appliquer à chacune de ces parties le procédé de calcul suivant.

On supposera à a et b les valeurs données par M. de Prony, pour les tuyaux de conduite, en les augmentant un peu (*)

$$\frac{\Omega}{\chi} i = aW + bW^2 = 0,000018W + 0,00036W^2$$

et on déterminera la vitesse à la paroi.

(*) M. de Prony en calculant ses coëfficients pour la *vitesse moyenne* a trouvé $\alpha = 0,000017$. $\beta = 0,000348$.

Pour passer de la vitesse à la paroi à la vitesse moyenne, nous avons vu qu'il fallait y ajouter un terme dont l'expression générale est : (N° 30)

$$\frac{i}{4\varepsilon}\frac{\Omega}{\chi}P$$

qui se réduit pour une section qui affecte la forme circulaire à :

$$\frac{1}{8\varepsilon}R^2 i$$

et pour une section rectangulaire, dans laquelle on peut négliger l'influence de la paroi verticale :

$$\frac{1}{4\varepsilon}H^2 i$$

pour une section rectangulaire large par rapport à sa hauteur :

$$\frac{1}{4\varepsilon}\frac{L}{L+H}H^2 i.$$

Il ne reste donc qu'à donner une valeur au coëfficient ε pour en déduire un résultat numérique. M. Sonnet propose, d'après des expériences de Couplet (*Voir l'extrait du compte-rendu*), de prendre pour $\frac{1}{\varepsilon}=3200$. Nous n'avons d'autre objection à faire à cette valeur que la nature des expériences dont M. Sonnet l'a déduite, qui ayant été faites dans des tuyaux de petit diamètre nous paraissent peu propres à déterminer ce coëfficient. En effet en adoptant cette valeur on voit que la quantité qu'il faut ajouter à la vitesse moyenne des tables est $\frac{R^2 i}{8\varepsilon}$. Or nous croyons que les expériences de Couplet dont parle M. Sonnet sont les expériences 5, 6, 7, 8, de la deuxième table de M. de Prony, dans lesquelles on a $R=0,068$ et $i=0,0003$ environ; la quantité

$$\frac{1}{8\varepsilon}R^2 i$$

se réduit alors à:

$$400\times0,0046\times0,0003=0,000552.$$

C'est-à-dire que la vitesse moyenne était à peine d'un demi-millimètre plus grande que la vitesse à la paroi, ces vitesses étaient donc trop peu différentes pour que leur comparaison pût donner la valeur de ε avec quelque exactitude. Nous devons même faire remarquer qu'en général dans les tuyaux de conduite cette correction a toujours peu d'importance. Ainsi cette table de M. de Prony renferme une autre expérience de Couplet pour laquelle on a $R=0,24$, c'est le plus grand diamètre expérimenté, et $i=0,003$; pour ce cas extrême, la différence entre la vitesse moyenne et la vitesse à la paroi ne serait encore que $0^m,07$, d'après la valeur de ε donnée par M. Sonnet. Ce n'est que dans les grandes sections, et par conséquent dans les canaux découverts et dans les fortes pentes qu'il importe d'introduire dans les formules les considérations que nous venons d'exposer dans ce chapitre. Ce n'est aussi que par des observations faites dans ces sections qu'on parviendra, selon nous, à déterminer la valeur de ε.

Celle qui est proposée par M. Sonnet, $\varepsilon=\frac{1}{3200}$, nous paraît beaucoup trop faible. En effet, supposons un canal rectangulaire assez large pour qu'on puisse lui appliquer la formule :

$$U = W + \frac{H^2 i}{4\varepsilon}$$

en adoptant le coëfficient de M. Sonnet et supposant i égal à 0,00020 qui est la pente d'une grande partie du cours de la Loire, on aura:

$$U = W + 0,16\,H^2,$$

W étant la vitesse donnée par les tables de M. de Prony, on voit que l'erreur de l'ancienne théorie serait :

pour 1m de hauteur, celle de l'étiage, par exemple, 0m16

pour 3m de hauteur, eaux moyennes, 1m44

pour 6m de hauteur, grandes eaux, 5m76

quantités qui, ajoutées à la vitesse à la paroi, donneraient des vitesses qui sont bien supérieures à la plus grande vitesse observée à la surface. Sans doute, une grande partie de cet excédant de vitesse est absorbé dans les courants naturels par des résistances particulières provenant de l'irrégularité du lit; mais il nous paraît difficile d'admettre que cette perte de force vive ait lieu dans une aussi forte proportion, dans toute l'étendue de ces cours d'eau, même sur les points où l'art a corrigé le lit factice, par des digues ou par des murs de quai. Il est vrai que les anciennes formules se trouvent alors bien en défaut, comme nous l'avons déjà fait remarquer. M. Minard, dans son cours de construction (*p. 38*), cite diverses applications de ces formules à des portions du lit naturel de quelques rivières, dont les résultats sont bien peu satisfaisants. Ainsi le produit de la Meuse étant, d'après la jauge, de 33^m40, les formules appliquées à diverses sections ont donné 53^m, 56^m, 74^m, 69^m, 34^m, 28^m; sur un autre point, le produit de la rivière étant de 26^m50, les formules ont donné 28^m, 11^m, 30^m, 39^m, 4^m. Nous avons lieu de croire qu'une partie de ces erreurs considérables est due à de fausses applications de ces formules, comme nous l'expliquerons dans le prochain chapitre; cependant ces exemples numériques font voir tout ce qu'il y a encore d'inconnu et d'indéterminé dans le problème dont nous nous occupons. Il ne faut pas s'attendre à ce qu'on arrive jamais à rien de précis pour des circonstances aussi accidentelles, aussi irrégulières que celles des grands cours d'eau naturels. Tout ce qu'on peut espérer des progrès de la théorie et de l'expérience, c'est de renfermer les erreurs dans des limites plus restreintes.

Ainsi, par exemple, si les trois coëfficients a, b, ε étaient connus d'une manière suffisamment précise, on en déduirait, comme dans l'exemple que nous venons de citer, la vitesse moyenne qui existerait dans le cas où la section et la pente seraient constantes. On aurait ainsi une limite supérieure de cette vitesse, puis on atténuerait cette vitesse au moyen de coëfficients numériques donnés par la comparaison des vitesses réelles avec les vitesses théoriques, coëfficients qui pourraient varier avec les vitesses, les irrégularités du profil, tant en long qu'en travers, les aspérités du fond, les inflexions plus ou moins brusques du cours d'eau. Enfin on aurait la limite de l'erreur possible, en employant les coëfficients qui auraient été donnés par les circonstances les plus défavorables. Certes, ce ne serait pas là de la précision, mais ce serait un grand progrès sur l'état actuel de la science.

CHAPITRE II.

DU MOUVEMENT VARIÉ DES EAUX COURANTES.

37. Nous avons vu, dans le chapitre précédent, que l'adhérence et la cohésion jouent, dans le phénomène du mouvement des fluides, deux rôles parfaitement distincts; que l'adhérence à la paroi détermine la vitesse à la paroi, que la cohésion incomplète du fluide ajoute à cette vitesse une autre vitesse indépendante de la première; de sorte que l'expression de la vitesse moyenne se trouve nécessairement compliquée des coëfficients de ces deux résistances qui n'ont entre elles aucune relation. Ainsi, avec une adhérence très-grande, infinie même, on pourra avoir une vitesse moyenne très-sensible, si la cohésion est faible; le fluide

marchera alors par courbes très-inclinées, comme dans la fig. 12. Si l'adhérence est au contraire faible et la cohésion énergique, le fluide marchera par courbes d'autant moins inclinées que la cohésion sera plus forte (fig. 13), et il pourra arriver que l'adhérence et la cohésion, avec des valeurs très-différentes, donnent la même vitesse résultante. Si, sur l'ordonnée qui donne la vitesse moyenne (fig. 12 et 13), on élève des normales, on aura ainsi une série de tranches qui représenteront le mouvement d'un fluide d'une cohésion infinie et ayant une adhérence telle, que la vitesse commune de tous ses filets sera égale à la vitesse moyenne du fluide à cohésion plus ou moins faible. Nous avons vu tout à l'heure dans quelles conditions la formule :

$$i = \frac{\chi}{\Omega}(\alpha U + \beta U^2)$$

pouvait représenter ce mouvement particulier, et remplacer les formules du mouvement réel avec une approximation suffisante pour la pratique.

38. Lorsqu'on substitue au mouvement réel par filets d'inégale vitesse, le mouvement par tranches de filets d'égale vitesse, l'équation du mouvement varié est facile à établir. On a, en appelant ζ la chute qui a lieu à la surface entre deux tranches dont la distance est λ, et φ la résistance au mouvement du liquide :

$$d\zeta = \frac{udu}{g} + \int_0^\lambda \varphi ds \qquad (1)$$

et en intégrant :

$$\zeta = \frac{u^2 - u_0^2}{2g} + \int_0^\lambda \varphi ds \qquad (2)$$

Cette équation est aujourd'hui démontrée dans la plupart des traités d'hydraulique. Il suffit, pour se la rappeler, de remarquer qu'elle est identiquement la même que celle d'un corps solide glissant le long du canal incliné du liquide et y éprouvant une résistance φ. Dans le cas du mouvement uniforme, la vitesse étant constante, $udu=o$, et on a :

$$-\frac{d\zeta}{ds}=i=\varphi=\frac{\chi}{\Omega}(\alpha U+\beta U^2).$$

On voit que, pour passer du mouvement uniforme au mouvement varié, il suffit d'ajouter le terme de l'accroissement de la force vive. Ainsi l'effet de la chute ζ, comme l'a fait élégamment remarquer M. Vauthier, se divise en deux parties, dont l'une est employée à vaincre les résistances du lit et dont l'autre sert à augmenter la force vive du liquide en mouvement. Il est d'ailleurs facile de se rendre compte que le travail de la pesanteur et de la pression est toujours proportionnel à ζ pour un filet quelconque. Soit ζ' (fig. 14), la chute d'une molécule fluide entre deux plans verticaux voisins, z et z_0 les distances à la surface de cette molécule dans les deux positions.

Le travail de la pesanteur sera proportionnel à ζ'
Celui de la pression, à z_0-z.

Le travail de ces deux forces sera donc proportionnel à $\zeta'+z_0-z$.

Or, à la simple inspection de la figure 14, on a :

$$\zeta'+z_0=\zeta+z;$$

donc $$\zeta'+z_0-z=\zeta.$$

Ainsi quoique tous les filets tombent de hauteurs différentes, que quelques-uns même remontent, on peut les considérer comme tombant tous d'une quantité ζ. La pression supplée à ce qui manque à la chute.

L'équation du mouvement varié, telle que nous venons de la transcrire (2) exprime la chute de la surface au moyen de deux termes : le premier est proportionnel à l'augmentation de la force vive du produit du cours d'eau depuis l'origine jusqu'au point considéré; et le second, au travail de la résistance au mouvement dans cette étendue. Cette équation (2) serait parfaitement exacte, si tous les filets avaient la même vitesse u, et si on pouvait mettre pour φ une expression rigoureuse de la résistance au mouvement qui tînt compte de l'adhérence et de la cohésion. Mais comme tous les filets ont des vitesses différentes, et que dans l'état actuel de la science, on est obligé de mettre pour φ l'expression

$$\frac{\chi}{\omega}(\alpha u+\beta u^2)$$

déjà inexacte pour le mouvement uniforme, il en résulte que l'équation du mouvement varié n'est qu'une approximation dont nous allons chercher à faire apprécier le degré d'exactitude.

39. Nous allons nous occuper d'abord du premier terme, celui relatif à la force vive du produit du cours d'eau. M. Coriolis a fait remarquer (*Annales des Ponts et Chaussées 1836*) qu'elle était plus grande que QU^2, à cause de la différence de vitesse des filets, que par conséquent ce terme devait être multiplié par un coëfficient α', dont la valeur peut s'élever jusqu'à 1,47.

M. Vauthier, tout en admettant l'exactitude de cette correction, a fait observer (*Annales de 1836*) que, d'après la loi de Dubuat, qui restreint la différence des vitesses à mesure que la vitesse moyenne augmente, la valeur de ce coëfficient de correction se trouvait limitée à 1,10, chiffre que tous les hydrauliciens admettent aujourd'hui. La loi de Dubuat étant pour nous complètement fausse, et le coëfficient α' pouvant même dépasser les limites assignées par M. Coriolis, cette correction nous paraît avoir plus d'importance qu'on ne l'admet aujourd'hui, d'après l'observation de M. Vauthier; et de plus nous allons faire voir, qu'en l'introduisant dans l'équation du mouvement varié, on a commis une erreur en sens contraire de celle que l'on voulait corriger; on a augmenté un terme qui, dans la plupart des cas, est à diminuer. Cette erreur tient à ce que qu'on a fait, dans le calcul de la différence des forces vives, une supposition inadmissible.

40. « Nous admettons, dit M. Belanger, page 72 de ses » leçons lithographiées, que dans le mouvement permanent » par filets sensiblement parallèles, les vitesses des filets » qui traversent une section quelconque varient d'un filet à » l'autre, *suivant les mêmes lois que lorsque le mouvement » est uniforme.* »

Or un instant de réflexion suffit pour faire voir, que cette hypothèse est contraire aux lois de la mécanique; que le mouvement varié change d'une manière complète et radicale la distribution des vitesses dans les filets.

41. Imaginons que, dans la section O d'un canal, la courbe des vitesses soit représentée par mn (fig. 15); que de O en O' s'opère sur la surface fluide une chute ζ qui a pour effet d'augmenter sensiblement la vitesse dans la section

retrécie O′. Cherchons à construire la courbe des vitesses $m'n'$ dans l'étranglement O′. Nous avons vu tout à l'heure que le travail de la pesanteur et de la pression sur chaque molécule fluide en mouvement était proportionnel à la chute ζ de la surface, c'est-à-dire que si aucune force retardatrice ne se développait dans ce mouvement du liquide la force vive de chaque molécule augmenterait de celle due à la chute ζ. En appelant v_0 et v la vitesse d'une molécule dans les sections O et O′, on aurait donc :

$$\frac{1}{2g}(v - v_0^2) = \zeta$$

donc $$v = \sqrt{2g\zeta + v_0^2}$$

En réalité la vitesse dans la section O′ sera moins grande que la valeur donnée par l'expression ci-dessus, parce qu'une partie de la chute ζ sera employée à vaincre la résistance éprouvée par chaque filet. Mais s'il s'agit de deux sections voisines, cette résistance est fort peu de chose, puisque, dans les cours d'eau naturels, elle n'absorbe que quelques centimètres de la chute par kilomètre. Si les sections ne sont éloignées que de 10^m, ce sera beaucoup que de supposer qu'elle diminue de $0,^m01$ la hauteur de la chute qui sert à augmenter la force vive. Car cela équivaudrait à une pente de 1^m par kilomètre, c'est-à-dire cinq fois la pente moyenne de la Loire. Pour fixer les idées, supposons que ζ soit de 0^m16 et que le travail absorbé par la cohésion et l'adhérence dans le passage de l'étranglement soit précisément 0^m01. Nous aurons pour déterminer la vitesse de chaque filet

$$v = \sqrt{2g \times 0,15 + v_0^2} = \sqrt{2,94 + v_0^2}$$

Si dans la section O on avait V, vitesse à la surface $=1^{m}$
en O′, on aurait V′, vitesse à la surface $=1{,}98$
Si dans la section O on avait W, vitesse au fond $=0{,}50$
en O′, on aurait W′ vitesse au fond $=1{,}78$

42. Ainsi tandis que la vitesse à la surface aurait à peine doublé, celle du fond aurait presque quadruplé. Leur différence était dans la première section de 0,50, elle est de 0,20 seulement dans la seconde. Le rapport qui était dans la première section, celui de 2 à 1 est presque devenu l'unité dans le second. Calculons maintenant exactement la force vive du fluide dans les deux sections. La formule ordinaire du mouvement varié la supposait égale à

$$QU^2 = HU^3,$$

U étant la vitesse moyenne. Si on a égard à la différence de vitesse des filets et qu'on suppose le cas du rectangle indéfini, elle sera :

$$\int_0^H v^3 dz$$

ou en mettant pour v sa valenr (N° 15):

$$\int_0^H \left(V - \frac{V-W}{H^2} z^2\right)^3 dz =$$

$$= H\left\{V^3 - V^2(V-W) + \tfrac{3}{5}V(V-W)^2 - \tfrac{1}{7}(V-W)^3\right\}$$

or on a : $$HU^2 = H\left[V - \tfrac{1}{3}(V-W)\right]^3 =$$

$$= H\left\{V^3 - V^2(V-W) + \tfrac{1}{3}V(V-W)^2 - \tfrac{1}{27}(V-W)^3\right\}$$

Donc la quantité HU^2 mise dans l'équation du mouvement varié est trop faible de la quantité

$$H\left(\frac{4}{15}V(V-W)^2-\frac{20}{189}(V-W)^3\right)=H(V-W)^2\left\{\frac{152V+100W}{945}\right\}$$

C'est par ce motif qu'on a proposé de remplacer HU^3 par $\alpha' HU^3$, α' étant un coëfficient plus grand que l'unité. Cette substitution, commode pour le calcul, pouvait être à peu près exacte, et par conséquent admissible dans la pratique, lorsqu'on supposait que la courbe des vitesses variait suivant les mêmes lois que la vitesse elle-même, que les quantités $V+W$ et $V-W$ croissaient en même temps que la vitesse moyenne; mais lorsqu'on reconnaît, comme nous l'avons fait tout à l'heure, qu'une augmentation de vitesse entraîne une diminution dans la différence des vitesses, ce système de correction devient tout-à-fait inexact. En effet, le facteur

$$\frac{152V+100W}{945}$$

peut se mettre sous la forme :

$$\frac{V+0,50W+0,16W}{6,22}=\frac{\frac{3}{2}U+0,16W}{6,22}$$

et par approximation $\frac{1}{4}U$ (N° 18). La quantité à ajouter à HU^3 est donc

$$\frac{1}{4}H(V-W)^2U$$

On a ainsi pour déterminer α'

$$\alpha' HU^3=HU^3+\frac{1}{4}HU(V-W)^2$$

d'où $$\alpha' = 1 + \frac{1}{4}\left(\frac{V-W}{U}\right)^2$$

ou en se servant de la relation (N° 18) $V-W=3(V-U)$:

$$\alpha' = 1 + \frac{9}{4}\left(\frac{V}{U} - 1\right)^2$$

On voit que α' ne peut être constant qu'autant que le rapport $\frac{V}{U}$ est lui-même constant. Nous avons vu dans le premier chapitre que celui de $\frac{U}{V}$ était renfermé dans les limites 0,67 et 1; celui de $\frac{V}{U}$ est donc compris entre 1 et 1,50, la valeur de α' est donc comprise elle-même entre 1 et 1,56. Si on admettait le rapport constant $\frac{U}{V} = 0{,}80$, on aurait $\alpha' = 1{,}14$, qui peut convenir au calcul de la force vive du produit des cours d'eau ordinaires animés d'une vitesse uniforme, dans lesquels les quantités V et U ne s'éloignent pas beaucoup des limites entre lesquelles $\frac{U}{V}$ est à peu près égal à 0,80. Mais il est complètement inexact dans le calcul de la force vive du produit d'un cours d'eau dans deux sections voisines, de supposer que ce rapport $\frac{U}{V}$, et par conséquent α, soient constants. Il faut alors changer la valeur de α' dans les deux sections, d'après la valeur exacte du rapport $\frac{U}{V}$ dans chacune d'elles.

43. Il résulte de cette correction que la différence entre les forces vives dans les deux sections doit être multipliée par un coëfficient spécial α'' entièrement différent de α'. On a, en effet, pour le déterminer l'équation suivante :

$$\alpha''(H'U'^3-HU^3)=$$
$$=H'U'^3-HU^3+\frac{1}{4}\{H'U'(V'-W')^2-HU(V-W)^2\}$$

d'où en remarquant que $H'U'=HU$

$$\alpha''=1+\frac{1}{4}\left(\frac{(V'-W')^2-(V-W)^2}{U'^2-U^2}\right) \qquad (1)$$

Mais, comme nous l'avons vu, on a :

$$V'^2=V^2+2g\zeta \quad \text{et} \quad W'^2=W^2+2g\zeta$$

d'où on tire : $V'-W'=(V-W)\dfrac{V+W}{V'+W'}$

le rapport $\dfrac{V+W}{V'+W'}$ est sensiblement égal à celui de $\dfrac{U}{U'}$, on a donc :

$$\alpha''=1-\left(\frac{V-W}{2U'}\right)^2=1-\left(\frac{V-W}{2U}\right)^2\frac{U^2}{U'^2} \qquad (2)$$

Le coëfficient α'' est donc toujours plus petit que 1, de plus le rapport $\left(\dfrac{V-W}{2U}\right)^2$ ayant pour limite 0,56, comme nous venons de le faire voir, la valeur de α'' se trouve comprise entre 1 et 0,44 lorsque U' est plus grand que U, c'est-à-dire lorsqu'il y a pente de l'amont à l'aval; lorsque U' est plus petit que U, c'est-à-dire lorsqu'il y a contre-pente, α'' peut descendre au-dessous de cette valeur sans devenir nul. Car de la condition $\frac{V-W}{2U'}=1$, on tire, en mettant pour $2U'$ sa valeur approchée, $V'+W'$:

$$V-W=V'+W'.$$

Or on aurait de même : $V'-W'=V+W$, équations incompatibles.

44. Les calculs précédents démontrent que le coëfficient de correction α' est effectivement un nombre plus grand que 1, mais qui varie avec u, de manière qu'on a

$$\int_U^{U'}\alpha' u\,du=\alpha''\int_U^{U'}u\,du,$$

α'' étant toujours une fraction. L'examen préliminaire que nous avons fait de la variation qu'apporte dans la distribution des vitesses une chute ζ de la surface de l'eau, fait d'ailleurs parfaitement concevoir cette transformation du coëfficient de correction; puisqu'elle fait voir que le coëfficient α' qui convient à la force vive de la section d'amont qui est à retrancher de celle d'aval, est plus grand que celui qui convient à cette dernière. D'où il résulte que la différence de ces deux quantités corrigées par des coëfficients est plus petite que la différence entre ces mêmes quantités non corrigées. Tous les calculs faits jusqu'à présent, et qui reposent sur la différence de la force vive de deux sections voisines, sont donc complètement erronés. S'il s'agissait de rectangles indéfinis ou de sections régulières, les formules qui précèdent ou d'autres analogues pourraient servir à les rectifier, mais les sections des cours d'eau naturels sont tellement irrégulières qu'il est impossible d'arriver à déterminer d'une manière un peu exacte l'expression de la force vive. Or une légère erreur dans l'évaluation de deux quantités peut en donner une énorme dans leur différence.

45. Supposons que la vitesse d'amont $U = 1^m$, que celle de la section d'aval $U' = 1^m,50$, nous aurions en négligeant la correction :

$$\zeta = \frac{2,25 - 1}{2g} + \int_0^\lambda \varphi ds = 0,063 + \int_0^\lambda \varphi ds$$

s'il s'agit de deux sections assez rapprochées pour que le terme qui exprime la résistance du lit soit négligeable, nous conclurons des données précédentes que la pente entre les deux sections est de $0^m,063$.

Si, comme l'admettent la plupart des hydrauliciens, on multiplie les puissances vives par un coëfficient commun pour tenir compte de l'excès produit par la différence entre les vitesses, on aura :

$$\zeta = 0^m,06 \qquad \zeta = 0^m,07 \qquad \zeta = 0^m,08.....$$

suivant qu'on prendra pour α' des valeurs plus élevées. Ainsi, dans une application de cette formule, M. Minard a adopté $\alpha' = 1,40$ ce qui donnerait $\zeta = 0^m,088$. Tels sont les résultats donnés par la méthode ordinaire. Tandis qu'en réalité il peut arriver que le coëfficient α' qui convient à la vitesse $1^m,50$ soit à peu près $1,02$, par exemple, et que celui qui convient à la vitesse 1^m soit $1,50$, on aura alors :

$$\zeta = \frac{1,02(1,50)^2 - 1,50 \times 1}{2g} = 0^m,04$$

46. Les discordances que M. Minard a signalées entre l'expérience et les résultats du calcul de la formule du mouvement varié (*Navigation des rivières, p. 38*), n'infirment donc en rien cette formule, et s'expliquent parfaitement par la théorie que nous avons donnée de la distribution des vitesses. Il faut renoncer dans la pratique à déduire de la différence des forces vives de deux sections voisines, soit la pente, soit le produit du cours d'eau, car il sera toujours impossible de connaître dans une section irrégulière la distribution des vitesses d'une manière assez exacte pour évaluer cette différence avec un degré d'approximation suffisant. Il n'en est plus de même lorsque les sections sont éloignées. En effet dans la formule :

$$\zeta = \frac{u^2 - u_0^2}{2g} + \int_0^\lambda \varphi ds$$

le terme $\frac{u^2 - u_0^2}{2g}$ a une valeur limitée par les valeurs extrêmes de u, ainsi dans le cas que nous considérions tout à l'heure, si les limites de la vitesse étaient 1^m et $1^m,50$, la plus grande valeur de ce terme serait 0,06, tandis que le terme $\int_0^\lambda \varphi ds$ peut atteindre une limite quelconque, si les sections sont éloignées. Les trois ou quatre centimètres d'erreur qu'on pourra commettre sur ce terme, auront donc peu d'influence sur le résultat final. Nous verrons plus tard que, dans toutes les questions pratiques de remous, ce terme n'a d'ailleurs qu'une influence complètement secondaire.

Enfin on ne doit pas perdre de vue que la valeur de α'' (2) (N° 43) suppose les deux sections assez rapprochées pour que l'effet du frottement à la paroi soit négligeable. A mesure que la section d'aval s'éloigne de la chute ζ, la vitesse du fond se ralentit par l'effet du frottement dont elle augmente l'énergie, celle de la surface s'accélère, parce qu'elle est moins retardée par la cohésion; de sorte que la courbe des vitesses tend à reprendre la position qui convient au mouvement uniforme, et alors il faut avoir recours à la valeur de α'' (1) (N° 43) qui devient positive. Nous n'avons considéré dans les calculs précédents que le cas du rectangle indéfini, toute autre section donnerait des résultats analogues.

Dans les sections irrégulières que présentent les cours d'eau, on ne connaît donc ni la valeur, ni le signe de α''. L'introduction de ce coëfficient dans la formule du mouvement varié n'est alors qu'une complication au moins inutile. Ce qu'il est important de savoir, c'est que toute solution qui repose en grande partie sur le calcul de la différence des forces vives des deux sections d'un cours d'eau naturel est une solution très-douteuse et très-incertaine.

L'examen que nous avons fait plus haut du changemeut qu'opère dans la distribution des vitesses une chute ζ dans la surface, explique les graves affouillements qu'on rencontre souvent à l'aval des travaux qui ont pour résultat de produire une cataracte à la surface de l'eau. L'effet de cette cataracte est, comme on vient de le voir, d'augmenter la vitesse du fond dans un rapport beaucoup plus considérable que la vitesse à la surface, et on se tromperait gravement en cherchant à se rendre compte de l'effet d'un étranglement par les seules variations de la vitesse moyenne; en supposant, par exemple, qu'en réduisant la section d'un courant à la moitié de sa surface primitive on ne fait que doubler la vitesse du fond.

Ce que nous venons de dire relativement à l'accroissement plus rapide de la vitesse du fond, par rapport à celle de la surface, s'applique aussi à la vitesse des bords par rapport à la vitesse du filet central. Ainsi il est bien évident que toutes les fois qu'il y a chute, cette chute agit sur tous les filets de la surface et que leur force vive est augmentée suivant la formule :

$$2g\zeta = V'^2 - V^2$$

qui a pour effet, comme nous l'avons fait voir, d'égaliser les vitesses. C'est, au reste, un fait que l'observation de ce qui se passe dans les étranglements des cours d'eau naturels nous avait fait pressentir. Dans ces circonstances, on voit en effet tous les filets se précipiter avec une vitesse sensiblement égale, tandis que dans les parties du lit où la section est permanente, on trouve en s'éloignant des bords une augmentation de vitesse bien sensible. De là souvent dans les étranglements des corrosions de rives, que ne semble pas justifier suffisamment le rétrécissement de la section.

48. Le second terme de la formule du mouvement varié, (2) (N° 38) :

$$\frac{\chi}{\omega}(\alpha u + \beta u^2),$$

qui est proportionnel au travail des résistances, n'est pas moins susceptible de correction que celui qui exprime l'accroissement de la force vive. Nous avons fait voir en effet, pour le cas du mouvement uniforme, que la substitution de la vitesse moyenne à la vitesse à la paroi transformait une formule exacte, mais à peu près inutile pour la pratique, en une formule d'approximation fournissant les quantités dont on pouvait avoir besoin avec plus ou moins d'exactitude, suivant les cas. Nous avons présenté les formules exactes qui tiennent compte des deux espèces de résistances et donnent d'une manière précise le surcroît de vitesse dû au défaut de cohésion des molécules fluides. Pour le mouvement varié, la formule qui exprime la résistance en fonction de la vitesse moyenne, n'est encore qu'une approximation grossière, et il n'est pas permis de la remplacer par les formules exactes que nous avons données pour le cas du mouvement uniforme.

49. Cherchons d'abord à nous rendre compte des mouvements moléculaires qui ont lieu dans la masse fluide, lorsque la section n'est pas constante. Dans le mouvement uniforme, chaque filet peut être considéré isolément, il n'y a jamais mélange des molécules d'un filet avec celles des filets voisins; il n'en est pas de même dans le mouvement varié. Considérons, par exemple, comme tout à l'heure le cas d'un étranglement de fond ayant lieu en O' (fig. 15) et pour simplifier notre explication, supposons qu'en O′ la vitesse du filet de surface soit double de ce qu'elle est en O, comme cela avait lieu dans l'exemple numérique que nous avons choisi. Imaginons qu'aux points O et O′ soient placés des anneaux ne pouvant donner à la fois passage qu'à une seule molécule d'eau. Il est clair que dans le second anneau il passera deux fois plus de molécules que dans le premier; il faut donc nécessairement admettre que de O en O′ le filet supérieur ait reçu du filet inférieur un nombre égal de molécules, c'est-à-dire que le filet supérieur ait complètement absorbé le filet inférieur. Pour se rendre compte de la manière dont se fait

cette pénétration des filets, imaginons un courant composé d'un filet unique.

Il est clair que si la vitesse est uniforme, ce courant pourra être représenté par une série de points équidistants. Mais si, dans une certaine étendue de ce filet, la vitesse augmente, la distance entre les molécules y augmentera proportionnellement à la vitesse, car un observateur placé en un point quelconque du filet ne devra jamais voir passer que le même nombre de molécules dans le même espace de temps. Ainsi là où la vitesse sera double, l'intervalle entre les molécules sera double, là où elle sera triple cet intervalle sera triple, etc. Une file de soldats assujettis à marcher plus ou moins rapidement sur divers espaces de terrain représenterait exactement les circonstances de ce mouvement. Supposons maintenant deux filets contigus soumis à cette variation de vitesse, indiquons par des points blancs et noirs (fig. 16) les molécules qui, dans la section O, appartiennent au premier ou au second filet. Dans chacun de ces deux filets s'opérera de la même manière l'espacement des molécules, en raison de l'accroissement des vitesses, mais à mesure qu'il a lieu, les molécules du filet inférieur s'insinuent peu à peu dans l'intervalle des molécules du filet supérieur, de manière à finir par s'y loger complètement, lorsque cet intervalle est devenu double de ce qu'il était primitivement. Le rapprochement des filets est proportionnel à l'espacement des molécules, de manière que la densité d'une section faite dans le liquide est constante. Ce double mouvement pourrait être parfaitement imité par une double file de soldats marchant en O sur deux rangs, et passant en O′ sur un seul rang, mais avec une vitesse double.

Ce que nous venons de dire pour le cas de la vitesse double suffit pour faire comprendre ce qui se passe dans le cas où la vitesse varie dans un rapport quelconque, les molécules appartenant à un même filet s'éloignent ou s'approchent, suivant que la vitesse augmente ou diminue, les molécules des filets voisins s'approchent au contraire ou s'éloignent dans les mêmes circonstances. Nous disons les filets voisins, car on doit comprendre que le même mouvement s'opère dans le sens horizontal et dans le sens vertical. Evidemment cette pénétration des filets très-différente dans une même section, car, comme nous l'avons vu, les vitesses varient dans un rapport très-différent, depuis la surface jusqu'au fond, cette pénétration donne lieu à une certaine absorption de travail qui n'est plus mesurée par l'inclinaison des tangentes de la courbe des vitesses.

50. Il faudrait donc se garder d'appliquer au mouvement varié les procédés de calcul que nous avons employés pour tenir compte de l'excédant de vitesse dû au défaut de cohésion, car cette analyse ne tient compte que du déplacement moléculaire qui a lieu dans le sens du mouvement; et dans le mouvement varié, comme on vient de le voir, il y a, outre ce déplacement, un autre déplacement dans le sens perpendiculaire au mouvement. Ainsi nous pensons que les deux applications que M. Navier a faites de ses formules générales au mouvement varié de l'eau dans un tuyau rectangulaire et dans un tuyau cylindrique sont inexactes, en ce qu'elles ne tiennent compte que de la résistance due au frottement des filets que M. Navier a du reste fort exactement représentée par

$$\varepsilon\left(\frac{d^2u}{dy^2}+\frac{d^2u}{dz^2}\right)$$

et qu'elles ne tiennent pas compte du déplacement perpendiculaire à l'axe des tuyaux. Il y a contradiction complète, selon nous, dans les données du problème que s'était posé ce savant, qui considère le mouvement *varié* dans un tuyau de section *constante*. Or toutes les fois que la section est constante, le mouvement est uniforme, et toutes les fois que le mouvement est varié la section varie elle-même; la section du tuyau aurait beau être constante, la section mouillée varierait, c'est-à-dire, que l'eau ne coulerait pas à plein tuyau.

C'est ce qui arrive, par exemple, lorsqu'on fait couler de l'eau par un tuyau incliné débouchant à l'air libre. La section de l'eau en tombant le long de ce tuyau va sans cesse en diminuant jusqu'à ce qu'elle ait atteint une vitesse uniforme.

Le mouvement varié cause donc dans la masse fluide une perte de travail qui n'existe pas dans le mouvement uniforme. Nous n'essaierons pas de l'introduire dans le calcul, parce que nous ne voyons pas pour le moment de moyen de tirer parti, pour la pratique, des formules plus compliqués qui résulteraient de ces considérations nouvelles. Nous avons voulu faire voir seulement l'énorme influence qu'avait le mouvement varié sur la distribution des vitesses des filets, parce que, dans certaines circonstances, il est utile de s'en rendre compte d'une manière approximative, et qu'on peut éviter ainsi de tomber dans d'assez graves erreurs, en faisant de fausses applications des formules pratiques ordinaires, ou en leur attribuant une exactitude qu'elles ne comportent pas.

On voit, en effet, qu'en substituant dans la formule du du mouvement varié

$$dz = udu + \frac{\chi}{\omega}(aw + bw^2)ds$$

à w vitesse du fond, u vitesse moyenne, on ne représente plus que d'une manière assez grossière la résistance au mouvement du liquide, puisque la vitesse du fond et la vitesse moyenne croissent dans un rapport tout-à-fait différent.

Ainsi, dans l'exemple numérique que nous avons choisi (N° 41), une cataracte de 0,15 portait la vitesse moyenne de 0,75 à 1,88, et la vitesse du fond de 0,50 à 1,78. Si donc on a convenablement déterminé les coëfficients α et β pour qu'ils représentent la résistance en fonction de la vitesse moyenne dans la première section, ces coëfficients se trouveront complètement erronés pour la section suivante, car ils feront entrer dans la formule une vitesse triple au lieu d'une vitesse quadruple; et comme la résistance est proportionnelle au carré de la vitesse, on aura une résistance exprimée par 9, lorsqu'elle devrait être exprimée par 16. L'erreur serait bien plus forte si nous avions supposé plus de différence entre les vitesses dans la première section.

51. Quoi qu'il en soit, la considération de la résistance due à la pénétration ou à la division des filets, loin d'altérer la formule ordinaire du mouvement varié, ajoute au contraire à la probabilité de son exactitude. Nous avons déjà vu que la formule

$$\frac{\chi}{\Omega}(\alpha U+\beta U^2)$$

est d'autant plus près de la vérité, que la cohésion est plus forte, que U est plus près de W. Or c'est là précisément le résultat de la résistance due à cette pénétration des filets, et peut-être est-ce là encore une des causes qui empêchent les courants naturels de prendre à la surface ces grandes vitesses que leur donne la formule du mouvement uniforme. Nous croyons donc qu'on peut appliquer cette formule au mouvement varié avec au moins autant de chances d'exactitude qu'au mouvement uniforme. Ce que nous venons de dire, si cela ne les a pas augmentées, servira du moins à n'accorder aux résultats que le degré de confiance qu'ils méritent, et à n'employer dans le calcul que des procédés en rapport avec le degré d'exactitude qu'on peut espérer.

CHAPITRE III.

DU MOUVEMENT VARIÉ DANS UN CANAL RÉGULIER.

52. L'équation du mouvement varié, que nous avons donnée dans le chapitre précédent (1) (N° 38) peut servir à déterminer la surface de l'eau dans une section quelconque d'un canal régulier ou irrégulier, c'est-à-dire à section constante ou variable. Nous nous occuperons uniquement, dans ce chapitre du cas où l'eau coule dans un canal régulier. Quoique le profil des cours d'eau naturels soit assez accidenté, on est obligé de le considérer comme régulier, au moins sur une certaine étendue, dans la plupart des calculs, à moins que les sections ne présentent des variations brusques ou graduelles, cas dont nous nous occupe-

rons dans le chapitre suivant. Les formules que nous allons présenter, étant donc destinées à recevoir dans leur application une certaine extension au-delà de la limite que leur imposerait une analyse rigoureuse, il sera permis de simplifier jusque à un certain point les expressions, sans craindre de diminuer l'exactitude des résultats. Ainsi nous supposerons que, dans les calculs qui vont suivre, la forme du canal est un rectangle de largeur invariable. Ce serait inutilement compliquer les formules que d'admettre d'autres formes de section, parce qu'en réalité, il faudrait alors modifier l'expression de la résistance, ce que ne permet pas l'état actuel de la science.

Soient : i le sinus de la pente du lit, comptée positivement lorsque le lit monte, et négativement lorsque le lit descend.

q le produit du cours d'eau par mètre courant $=\dfrac{Q}{2L}=hu$

L la demi-largeur du cours d'eau;

h la hauteur variable comptée au-dessus du fond;

s la largeur du canal comptée positivement de l'amont à l'aval.

Si dans l'équation du mouvement varié :

$$d\zeta=\frac{udu}{g}+\frac{L+h}{Lh}(\alpha u+\beta u^2)ds$$

on met pour $d\zeta$ sa valeur tirée de la relation :

$$h_0=h+ids+d\zeta$$

que donne la figure 17, et pour u, $\dfrac{q}{h}$,

il vient : $$ds = \frac{\left(\frac{q^2}{g} - h^3\right) dh}{h^3 i + \frac{L+h}{L}(\alpha q h + \beta q^2)} \qquad (1)$$

Cette équation est toujours facile à intégrer, puisque les variables sont séparées. Elle peut être considérée comme représentant la courbe de la surface de l'eau dans un courant permanent quelconque.

Ainsi quelle que soit l'inclinaison du lit, la largeur et la hauteur d'un cours d'eau, l'équation différentielle de la courbe de la surface de l'eau est toujours la même. Mais il ne faudrait pas en conclure que la courbe est la même; cette équation représente en effet, dans sa généralité, suivant la valeur numérique de ses coëfficients, des courbes de formes aussi différentes entre elles que les sections coniques, qui sont toutes représentées cependant par une équation du second degré. Nous allons les examiner successivement.

53. Supposons d'abord le fond horizontal $i = o$, l'inclinaison de la tangente à la courbe est alors exprimée par :

$$\frac{dh}{ds} = \frac{(L+h)(\alpha q h + \beta q^2)}{L\left(\frac{q^2}{g} - h^3\right)} \qquad (1)$$

quantité toujours négative jugu'à la valeur

$$h = \sqrt[3]{\frac{q^2}{g}}$$

qui la rend infinie, et toujours positive pour une valeur plus petite que h. Enfin plus h est grand, plus $\frac{dh}{ds}$ est petit, c'est-à dire, que vers l'amont, la courbe approche de l'horizontale; elle a donc la forme indiquée par la figure 18. Elle a une tangente verticale en A et une partie mA convexe, une partie nA concave, qui revient en sens contraire du courant. Cette partie nA n'est qu'une de ces solutions fournies par les formules algébriques dans lesquelles on n'a pu faire entrer toutes les données du problème. Nous en verrons plus d'un exemple. Il est clair qu'une fois que l'eau est arrivée à tomber verticalement, elle ne peut plus revenir en arrière; il est donc inutile de s'occuper de cette partie de la courbe que l'expérience ne peut réaliser.

54. Pour obtenir les divers points de la courbe, il n'y aurait qu'à intégrer l'équation différentielle (1) (N° 53). Ce qui serait facile en décomposant le dénominateur de dh en deux fractions du premier degré :

$$\frac{1}{(L+h)(\alpha qh+\beta q^2)}=\frac{1}{\alpha q\left(L-\frac{\beta}{\alpha}q\right)}\left(\frac{1}{h+\frac{\beta}{\alpha}q}-\frac{1}{h+L}\right)$$

Mais on peut simplifier beaucoup le résultat, en remarquant que α étant beaucoup plus petit que β, le facteur $\alpha qh+\beta q^2$ est à peu près constant, et qu'on peut poser $J=\alpha qh'+\beta q^2$, en appelant h' une valeur moyenne de h dans la partie du cours d'eau considérée. On a alors en intégrant:

$$s+C=\frac{L}{J}\left\{\left(\frac{q^2}{g}+L^3\right)\log\left(1+\frac{h}{L}\right)-\frac{h^3}{3}+\frac{Lh^2}{2}-L^2h\right\}$$

Soit h_0 la hauteur du cours d'eau au point où l'on commence à compter les distances. En faisant dans cette équation $s=o$, $h=h_0$, on déterminera la constante C et on aura:

$$s=\frac{L}{J}\left\{\left(\frac{q^2}{g}+L^3\right)\log\left(\frac{L+h}{L+h_0}\right)-\left(\frac{h^3-h_0^3}{3}\right)+L\left(\frac{h^2-h^2_0}{2}\right)-L^2(h-h_0)\right\}$$

Exemple : on suppose que le produit du courant soit $q=0,80$, que la section soit un trapèze ayant $1^m,30$ au fond, $1^m,40$ à l'affleurement du couronnement, ce qui donne $L=0^m,67$, on demande la distance qui sépare $h_0=1^m,70$ de la hauteur $h=0^m,40$.

C'est le premier problème que s'est proposé M. Belanger dans son ouvrage intitulé : *Essai sur la solution numérique des quelques problèmes relatifs au mouvement des eaux courantes.* Cet ingénieur l'a résolu au moyen d'une série de substitutions de valeurs de h, décroissant de dix en dix centimètres, dans l'équation différentielle. Ce qui l'a conduit à dresser un tableau de treize colonnes verticales et de quatorze colonnes horizontales, pour y placer les différents résultats de ses substitutions dans une équation beaucoup plus compliquée que celle que nous avons donnée (1) (N° 53), attendu que M. Belanger n'a pas cru pouvoir assimiler le trapèze de la section à un rectangle. Nous considérons ces laborieux calculs comme inutiles, la formule précédente qu'il serait facile de simplifier, si elle devait être d'un usage plus fréquent, résoud immédiatement le problème. En y substituant les données de la question, on aura :

$$q=\frac{0,80}{1,34}=0,60 \quad h'=1,05 \quad \alpha=0,0000243 \quad \beta=0,000366$$

$$L+h=1,07 \quad L+h_0=2,37$$

d'où en substituant dans la valeur de s :

$$s = \frac{0,67}{0,000147}\left\{\left(\frac{0,36}{9,81}+0,301\right)(4,673-5,468)+1,616-\right.$$
$$\left.-0,915+0,584)\right\}=4,632^{m}.$$

M. Belanger trouve $4,620^{m}$, il ne faudrait pas conclure de là que notre résultat est exact à quelques millièmes près. Nous ne faisons que substituer ici un procédé de calcul rapide et facile à une méthode longue et compliquée. La formule primitive à laquelle il est appliqué reste avec toutes les imperfections que nous avons signalées, et elle doit nécessairement altérer les résultats dans une assez forte proportion. Ainsi ce serait une erreur de croire, par exemple, qu'en prenant rigoureusement l'intégrale de l'équation différentielle par la méthode que nous avons indiquée, on obtiendrait nécessairement une valeur plus approchée de la vérité. En substituant, dans la formule du mouvement varié, la vitesse moyenne à la vitesse à la paroi, on commet une inexactitude assez grave pour ne plus pouvoir atteindre la vérité par les procédés de calculs rigoureux. C'est donc à tort, selon nous, que M. Belanger en intercalant de nouvelles substitutions et trouvant qu'elles ne donnent qu'un millimètre de différence sur l'ordonnée, dit, *p. 17 : On en conclura que la profondeur cherchée est un peu plus grande que 1^{m},67, et à moins de 1 millimètre égale à 1^{m},671*. Ce qu'il faut conclure, ce n'est pas que le résultat est exact à 1 millimètre près, c'est que les deux méthodes de calcul sont équivalentes.

Si au lieu de chercher la distance qui sépare deux ordonnées de la courbe, on cherchait une de ces ordonnées, à un point donné; il faudrait d'abord substituer une ordonnée arbitraire dans la formule et s'approcher du résultat par tâtonnements. Deux substitutions suffiront en général.

Ainsi, si on demandait à quelle hauteur sera la courbe à 3757^m en amont du point où elle est à $0^m,40$, la substitution de l'ordonnée $1^m,70$ ayant donné 4632^m, on substituerait $1^m,60$ et ayant trouvé une longueur moindre que 3757^m, on pourrait considérer la courbe comme droite entre ces deux ordonnées et diviser leur distance en parties proportionnelles.

Si au lieu d'un cours d'eau étroit, dans lequel il est nécessaire de tenir compte de la résistance des bords, nous considérons un cours d'eau naturel, comme une rivière, en général assez large pour qu'on puisse regarder le rapport $\frac{L}{L+h}$ comme égal à l'unité, l'équation de la courbe se réduit à :

$$s+C=\frac{1}{\alpha q h'+\beta q^2}\left(\frac{q^2}{g}h-\frac{1}{4}h^4\right)$$

qui représente une parabole du quatrième degré, dont le calcul n'offre aucune difficulté.

55. Considérons maintenant le cas où i est positif, c'est-à-dire où le fond est incliné en sens inverse du courant.

La valeur de $\frac{dh}{ds}$ tirée de l'équation (1) (N° 52) :

$$\frac{dh}{ds}=\frac{ih^3+\frac{L+h}{L}(\alpha q h+\beta q^2)}{\frac{q^2}{g}-h^3}$$

donnerait pour la courbe représentée par cette équation (fig. 19) les mêmes caractères généraux que dans le cas où le fond est horizontal : pour h très-grand elle a une tangente horizontale, et elle reste concave vers le fond jusqu'à la valeur $h^3 = \frac{q^2}{g}$ pour laquelle elle lui est perpendiculaire, et au delà de laquelle elle devient convexe. L'intégration complète de l'équation ne présente aucune difficulté, soit qu'on y applique le procédé général des fractions rationnelles, soit une méthode approximative. La plus simple serait d'opérer la division algébrique et d'intégrer chaque terme. Nous présenterons tout à l'heure des exemples de ce calcul, pour le cas où l'angle i est négatif, qui nous dispensent d'entrer dans aucun détail à ce sujet. Remarquons en passant que lorsque l'eau coule sur un plan horizontal, ou sur un plan en contrepente, elle présente toujours une surface convexe qui se termine par une croupe brusquement arrondie. Nous rappellerons tout à l'heure cette circonstance à propos du phénomène du mascaret.

56. Passons au cas où l'inclinaison du lit est dans le sens du courant, c'est en général celui de tous les cours d'eau naturels, car si sur certaines parties ces cours d'eau présentent des contrepentes elles n'ont d'autre effet que de modifier la résistance. En effet l'équation $\zeta = \int_0^\lambda \varphi ds$ subsiste entre deux points quelconques, pour lesquels la vitesse moyenne est la même, on peut substituer au lit naturel un lit fictif donnant la même résistance par mètre courant et qui aurait entre les deux points donnés la pente de la surface. La profondeur de ce courant supposé rectangulaire serait donnée par l'équation :

$$H = \frac{\alpha U + \beta U^2}{i}$$

En réalité, les inégalités du lit produisent autour de cette ligne de pente une sinusoïde qui serpente au-dessus et au-dessous suivant les variations de la section (c'est ce qu'ont déjà signalé MM. Legrom et Chaperon, dans un intéressant Mémoire, *Annales des Ponts et Chaussées*, *1838*); mais dans la plupart des cas pratiques, on peut faire abstraction de ces écarts. Le lit naturel se trouve alors transformé en un autre sensiblement équivalent ayant des pentes parallèles à celles de la surface, et des profondeurs qu'on détermine par la formule précédente.

Supposons donc que dans un pareil lit l'eau soit soulevée ou abaissée, au-dessus ou au-dessous de la hauteur H qui donne la pente uniforme, par des travaux quelconques et cherchons la position de la nouvelle surface de l'eau.

L'inclinaison de la tangente à la courbe nous est donnée par l'équation suivante, tirée de l'équation (1) (N° 52) en changeant i en $-i$:

$$\frac{dh}{ds}=\frac{ih^3-\frac{L+h}{L}(\alpha q h+\beta q^2)}{h^3-\frac{q^2}{g}} \qquad (1)$$

Pour étudier d'abord la forme générale de la courbe, négligeons α par rapport à β et $\frac{h}{L}$ par rapport à 1. Il est d'ailleurs facile de s'assurer que ces quantités ne modifient pas les propriétés que nous allons déduire de l'équation simplifiée :

$$\frac{dh}{ds}=\frac{ih^3-\beta q^2}{h^3-\frac{q^2}{g}}=i\,\frac{\frac{h^3}{H^3}-1}{\frac{h^3}{H^3}-\frac{U^2}{gH}} \qquad (2)$$

qu'on déduit de la précédente (1) en y faisant :

$$H^3 i = \beta q^2 \quad \text{et} \quad q^2 = U^2 H^2.$$

Menons une parallèle à la ligne du fond à la distance H (fig. 20) qui représentera la surface naturelle du courant et considérons d'abord les valeurs de h plus petites que H. Pour h un peu plus petit que H, $\frac{dh}{ds}$ est très-petit et devient nul pour $h=H$; la courbe vers l'amont s'approche donc indéfiniment de la surface naturelle du courant; h diminuant peu à peu, $\frac{dh}{ds}$, toujours négatif, finit par devenir infini pour la valeur $h = \sqrt[3]{\frac{U^2H^2}{g}}$ que nous supposerons d'abord plus petite que H. Si donc en O nous élevons une perpendiculaire au fond égale à cette longueur, que nous désignerons par H_0, elle sera tangente à la courbe qui à partir de ce point revient sur ses pas et donne une branche dont il est inutile de s'occuper. Cette portion de courbe, comprise entre le fond et la surface, représente ce que nous appellerons le remous d'abaissement. C'est-à-dire que, si par l'effet d'une altération quelconque du lit la surface naturelle est abaissée de m en n, la surface naturelle mB sera abaissée en mB'.

Passons maintenant aux valeurs de h plus grandes que H qui vont nous donner le remous de gonflement. $\frac{dh}{ds}$ change de signe, la courbe est convexe vers le fond. Si h est à peu près égal à H, $\frac{dh}{ds}$ est comme tout à l'heure sensiblement nul.

Ainsi vers l'amont, le remous de gonflement est aussi représenté par une asymptote à la surface naturelle, mais à mesure que h croît, $\frac{dh}{ds}$ s'approche de la limite i, c'est-à-dire qu'à l'aval, la courbe a une tangente horizontale, ce qui lui donne la forme indiquée par la figure 20. Cette courbe représente ce que devient la surface naturelle du courant lorsqu'elle est soulevée en un point quelconque de m en n' par exemple. Alors la partie n'B" est ce qu'on appelle la surface du remous.

Remarquons que quoiqu'on ne cherche en général que le remous, en amont d'une perturbation quelconque, l'analyse doit donner et donne en effet le prolongement de la courbe en aval. Il n'y a, en effet, pour un courant défini par sa pente et sa hauteur, qu'une courbe de remous, qui une fois connue détermine tous les remous qu'on peut avoir à considérer sur ce cours d'eau. Supposons, par exemple, qu'un rétrécissement ait soulevé les eaux de un mètre en un point; il est clair qu'à une certaine distance en amont, cet exhaussement est réduit à $0^m,80$, plus loin à $0^m,60$, etc., la portion de courbe en amont du remous $0^m,60$ appartient donc à ce remous particulier comme à celui de $0^m,80$, comme à celui de 1^m, qui n'est que l'amont d'un remous plus grand. Nous insistons sur cette observation, parce que, dans presque tous les traités d'hydrodynamique, on a considéré la courbe de remous comme ayant son origine au point où les travaux avaient occasionné le plus grand gonflement, ce qui a conduit à proposer des formules de calcul complètement erronées.

57. Dans l'examen que nous venons de faire, nous avons supposé $\frac{U^2}{gH}$ plus petit que 1. C'est, en effet, ce qui a lieu

sur presque tous les cours d'eau naturels, comme on peut s'en assurer en ayant recours à la signification de cette quantité, signification que M. Belanger, qui a analysé le remous à ressaut, n'a pas indiquée. Ce qui a entraîné M. Vauthier à croire que la plupart des remous pouvaient se terminer par un ressaut (*Annales 1836, p. 237*).

De l'équation $i = \frac{\beta U^2}{H}$ on tire : $\frac{U^2}{gH} = \frac{i}{g\beta}$ et la condition ci-dessus devient $i < g\beta$, $i < 0{,}0035$. Ainsi dans tous les cours d'eau dont la pente est au-dessous de $3^m{,}50$ par kilomètre, les remous de gonflement et d'abaissement auront la forme que nous venons de leur assigner. Or les pentes des fleuves et des rivières se trouvent bien au-dessous de cette limite (*). Au-dessus on ne trouverait que les cours d'eau torrentiels ou des canaux d'expérience.

En effet cette pente aurait pour effet de produire une vitesse à laquelle les rochers seuls pourraient résister, car elle serait de 3^m environ pour une profondeur de 1^m seulement. Les courbes que nous allons considérer ne peuvent donc se produire que dans des circonstances tout à fait exceptionnelles.

Voyons d'abord comment l'accroissement de l'angle i modifie peu à peu les courbes du remous ordinaire. D'abord pour le remous d'abaissement, la chute verticale

$AO = H_0 = H\sqrt[3]{\frac{U^2}{gH}} = H\sqrt[3]{\frac{i}{g\beta}}$ (fig. 21) croît de plus en plus,

(*) La plus forte pente du Rhône navigable est, suivant M. Vallée : 0,00074; dans la partie où il n'est pas navigable on trouve, au point appelé la perte du Rhône, là où ce fleuve coulait dans un souterrain naturel creusé dans le rocher 0,0038. (*Du Rhône et du lac de Genève, par M. Vallée, p. 19.*)

et la courbe se rapproche de la surface naturelle du courant; de sorte que la surface naturelle tombe brusquement sur la surface inférieure sans cou be de raccordement pour $i = g\beta$. Au-delà de cette valeur, la courbe se retourne et présente une forme que l'expérience ne peut réaliser, il y a dans le liquide un excès de force vive qui doit produire des tourbillons dans la chute.

Pour la branche supérieure, la courbe du remous s'aplatit de plus en plus en s'approchant de la surface naturelle; enfin pour la valeur $i = g\beta$, la courbe de remous se réduit à une horizontale. Au-delà de cette valeur de l'angle i, $i > g\beta$ (fig. 22), vers l'aval, la courbe devient concave vers le fond et s'approche de plus en plus de l'horizontale; du côté d'amont, elle s'arrondit en croupe et a une tangente normale à la surface naturelle à un point situé à la hauteur $H_0 = H\sqrt[3]{\frac{U^2}{gH}}$; puis s'infléchit vers l'aval, suivant une seconde branche An, qu'il est inutile de considérer, parce qu'il est bien évident que la cohésion des filets fournit une courbe de raccordement toute différente entre la surface amont et la surface aval.

58. En résumé, l'examen de l'équation différentielle conduit à ces conséquences générales : le remous de dépression est toujours une courbe arrondie se raccordant avec la surface aval par une partie verticale d'autant plus grande, que la pente du courant est plus considérable; au-delà de la pente $i = 0{,}0035$, le calcul ne donne plus de courbe, le raccordement se fait par une chute brusque.

Le remous de gonflement, pour les pentes ordinaires des cours d'eau naturels, est une courbe convexe vers la surface naturelle qui lui est asymptote vers l'amont, vers l'aval elle s'en éloigne de plus en plus de manière à avoir une tangente horizontale à l'infini. Lorsque la pente du cours d'eau atteint $i=0{,}0035$, la surface du remous se réduit à une horizontale. Au-delà de cette limite, la surface du remous est concave vers la surface naturelle, et se raccorde avec cette surface par une croupe qui lui devient perpendiculaire et forme ainsi une espèce de ressaut.

Lorsque, au lieu de considérer le courant dans un canal de largeur indéfinie, on le suppose rectangulaire, et lorsqu'on conserve le coëfficient α, la condition $i>g\beta$ pour avoir un remous à ressaut est modifiée; elle devient en mettant pour U^2 sa valeur tirée de l'équation

$$i=\frac{L+H}{LH}(\alpha U+\beta U^2)$$

dans l'inégalité $\frac{U^2}{gH}>1$

$$i>g\beta\left(1+\frac{H}{L}\right)\left(1+\frac{\alpha U}{g\beta H}\right)$$

On voit que l'effet du frottement latéral est d'augmenter l'angle qui donne lieu au ressaut, et que le coëfficient α contribue aussi à augmenter cet angle, mais d'une quantité fort petite, car $\frac{\alpha}{g\beta}=0{,}007$ environ.

59. L'intégration de l'équation différentielle va nous révéler beaucoup d'autres propriétés importantes de la courbe du remous. Il est au moins bizarre que personne n'ait songé jusqu'à présent à lui faire subir cette opération,

qui conduit, pour la plupart des cas pratiques, à des formules excessivement simples.

Si dans l'équation différentielle (1) (N° 56) on met pour βq^2 sa valeur $\frac{LH^3 i}{L+H} - \alpha q H$ et pour $\frac{q^2}{g}$, $\frac{H^2U^2}{g}$ il vient :

$$ids = \frac{\left(h^3 - \frac{H^2U^2}{g}\right)dh}{(h-H)\left\{h^2 + hH\left(1 - \frac{\alpha U}{Li}\right) + H^2\left(\frac{L}{L+H} - \frac{\alpha U}{Hi}\right)\right\}}$$

On voit de suite que l'intégration de cette équation donnera un terme de la forme A log. $(h-H)$; que par conséquent pour $h=H$ on aura $s=\infty$, tant pour le remous de gonflement que pour le remous d'abaissement. Il est plus commode, pour la pratique, de prendre pour variable les ordonnées du gonflement ou de la dépression comptées à partir de la surface naturelle :

En substituant dans cette équation, au lieu de h, $H+y$, on aura l'équation différentielle de la courbe de gonflement rapportée à la surface naturelle :

$$\frac{ids}{dy} = \frac{H^2\left(1 - \frac{U^2}{gH}\right) + y^3 + 3Hy^2 + 3H^2y}{y\left\{y^2 + 3Hy\left(1 - \frac{\alpha U}{3Li}\right) + 3H^2\left(1 - \frac{H}{3(L+H)} - \frac{(L+H)\alpha U}{3LHi}\right)\right\}} \qquad (1)$$

Quoique sous cette forme, cette équation soit facilement intégrable, pour simplifier les calculs, nous négligerons la quantité $\frac{\alpha U}{3Li}$, car elle est égale à :

$$\frac{1}{\left(1 + \frac{L}{H}\right)(3 + 45U)}$$

en admettant 15 pour le rapport $\frac{\beta}{\alpha}$. Cette fraction est en effet toujours très-petite, même dans les canaux étroits. Ensuite nous poserons :

$$m = 1 - \frac{U^2}{gH}, \quad n = 1 - \frac{H}{3(L+H)} - \frac{(L+H)\alpha U}{3LHi}.$$

Si dans le dernier terme de la valeur de n, on met pour Hi sa valeur, on trouvera encore que ce terme est négligeable dans la pratique. Quant à la valeur de n, elle est toujours comprise, quelle que soit la largeur du canal entre $\frac{2}{3}$ et 1. Il vient alors, en décomposant en facteurs la fraction rationnelle :

$$\frac{ids}{dy} = 1 + \frac{mH}{3n}\left\{\frac{1}{y} - \frac{y + \frac{3}{2}H}{(y+\frac{3}{2}H)^2 + (3n-\frac{9}{4})H^2} - \frac{\left(\frac{3}{2} - 9\frac{n(1-n)}{m}\right)H}{(y+\frac{3}{2}H)^2 + (3n-\frac{9}{4})H^2}\right\} \quad (2)$$

et en intégrant :

$$is + C = y + \frac{mH}{3n}\left\{\frac{1}{2}\log.\left(\frac{y^2}{y^2 + 3Hy + 3nH^2}\right) - \right.$$

$$\left. - \frac{\frac{3}{2} - 9\frac{n(1-n)}{m}}{\sqrt{3n - \frac{9}{4}}} \text{ Arc }\left(\text{tang.} = \frac{y + \frac{3}{2}H}{H\sqrt{3n - \frac{9}{4}}}\right)\right\}$$

Pour déterminer la constante C, il suffirait de poser $s = o$, $y = Y$, on aurait ainsi une équation en s et Y propre à résoudre tous les problèmes relatifs au remous de gonflement. Quoique les tables trigonométriques donnent facilement les arcs tangentes, on pourra éviter le calcul qu'exige cette recherche, en substituant à cet arc son développement en série :

$$\text{Arc}\left(\text{tang.}=\frac{x}{A}\right)=\frac{\pi}{2}-\frac{A}{x}+\frac{A^3}{x^3}\cdots$$

Cette série sera presque toujours assez convergente pour qu'on puisse négliger le second terme. L'intégrale se réduit alors à :

$$is+C=y+\frac{mH}{3n}\left\{\frac{1}{2}\log.\left(\frac{y^2}{y^2+3Hy+3nH^2}\right)+\frac{\frac{3}{2}-9\frac{n(1-n)}{m}}{y+\frac{3}{2}H}\right\}$$

Dans le cas de cours d'eau naturels, l'équation de la courbe du remous (2) (56) prend une forme excessivement simple, puisque en posant :

$\frac{L}{L+H}=1$, et négligeant $\frac{U^2}{gH}$ elle se réduit à :

$$ids=\frac{(H+y)^3}{(H+y)^3-H^3}dy. \qquad (3)$$

si on pose $\frac{H+y}{H}=z$, et qu'on développe la fraction $\frac{z^3}{z^3-1}$ par la division, il vient en intégrant :

$$\frac{is}{H}+C=\left(\frac{H+y}{H}\right)-\frac{1}{2}\frac{H^2}{(H+y)^2}-\frac{1}{5}\frac{H^5}{(H+y)^5}\cdots$$

60. On voit que cette série est toujours convergente; elle présente d'ailleurs, ainsi que l'équation différentielle dont

elle dérive, une propriété remarquable qu'il est essentiel de signaler; c'est qu'on a

$$\frac{is}{H} = f\left(\frac{y}{H}\right).$$

D'où il suit que, si on construit la courbe représentée par cette équation dans l'hypothèse de $H=1$, ses abscisses et ses ordonnées seront dans un rapport constant avec les abscisses et les ordonnées du remous sur un cours d'eau quelconque, de sorte que les premières étant connues, on peut en déduire les autres par une simple proportion; ou calculant les premières dans une table, on peut par une simple multiplication trouver les secondes. C'est ce que nous allons faire voir sur des exemples numériques.

61. Supposons qu'un barrage, établi sur la rivière que nous allons définir, en exhausse la surface, prise à quelques mètres de distance en amont, de 1,50 au-dessus du plan du régime uniforme, de sorte qu'on ait $Y=1,50$, on demande la forme de la surface jusqu'à l'endroit où l'influence du barrage est réduite à 0,60.

La rivière prise pour exemple a le profil fig. 23. Sa pente est $i=0,000115$; sa dépense est de 40^m par seconde.

Tel est le problême que M. Belanger s'est proposé (*p. 25* de son ouvrage cité). C'est par une série de substitutions dans l'équation différentielle complète où il introduit successivement le contour mouillé, la surface de la section, la vitesse moyenne pour des sections de hauteur décroissantes de 0,10 en 0,10, que cet auteur résoud le problême. C'est la même marche, la même longueur de calcul que pour le problème précédent C'est encore à l'aide d'un tableau à quatorze colonnes de chiffres, dont chacun est le résultat de plusieurs opérations, que M. Belanger trouve que le remous ne sera réduit à $0^m,60$ qu'à une distance de 9245^m. Faisons remarquer d'abord, que dans toutes les circonstances où on peut négliger la quantité $\frac{U^2}{gH}$ par rapport à 1, et où les hauteurs de remous sont assez grandes, il est inutile d'avoir recours à l'équation du mouvement varié pour résoudre les problêmes relatifs au remous. Leur solution dérive immédiatement et très-simplement de la formule du mouvement uniforme.

62. En effet, puisque la vitesse est petite dans la portion de remous considérée, la variation de vitesse peut être négligée, et par conséquent le mouvement considéré comme uniforme et la pente i' du remous comme égale à la résistance moyenne du lit ou à la résistance dans la section moyenne :

$$i'=\frac{1}{H'}(\alpha U'+\beta U'^2)$$

équation qui résoud le problême, car $H'=H+\frac{Y+y}{2}$ et $U'=U\frac{H}{H'}$ sont connus. On peut d'ailleurs la mettre sous une forme plus simple en la divisant par $i=\frac{1}{H}(\alpha U+\beta U^2)$ on a alors :

$$i'=i\,\frac{H^3}{H'^3}\left\{1+\frac{\frac{H'}{H}-1}{1+15U}\right\}$$

Mettons dans cette équation les données du problème de M. Belanger:

$$U=\frac{Q}{\Omega}=\frac{40}{74}=0^{m},54.\quad H=\frac{0,0000243U+0,000366U^2}{i}=1^{m},04;$$

mais, comme nous avons confondu par approximation cette quantité avec le rapport $\frac{\Omega}{\chi}=\frac{74}{70}=1,06$, nous prendrons la moyenne $H=1^{m},05$, et nous en déduirons :

$$H'=H+\frac{Y+y}{2}=1,05+\frac{1,50+0,60}{2}=2^{m},10$$

en substituant ces valeurs, il vient :

$$i'=i\left(\frac{1,05}{2,10}\right)^3\left(1+\frac{1}{9,10}\right)=0,14i=0,0000161$$

Pour achever le problème, on tirerait s de l'équation $s=\frac{Y-y}{i-i'}=\frac{0,90}{0,0000989}=9100^{m}$, au lieu de 9245^{m}, différence insignifiante, eu égard aux nombreuses inexactitudes admises nécessairement, soit dans les données du problème, soit dans les formules qui servent de base aux calculs.

La méthode proposée par M. Belanger pour résoudre numériquement les problèmes de ce genre n'est donc qu'une complication inutile d'une solution que les anciennes formules donnent d'une manière excessivement simple. Dans le cas où on voudrait tenir compte du frottement des parois latérales, il suffirait de multiplier la valeur de i'

par le facteur $\frac{L+H'}{L+H}$. Mais cette formule, comme la méthode de M. Belanger se trouverait en défaut, si on les appliquait à des parties où la courbe du remous se rapprochant de la surface naturelle n'en est plus qu'à une distance petite par rapport à la hauteur du cours d'eau, ou du moins il faudrait alors rapprocher de plus en plus les sections. C'est ce qu'a du reste reconnu M. Belanger.

« Si l'on voulait, dit-il (*page 26*), continuer les calculs » du tableau n° 4, pour déterminer l'influence du barrage » à une plus grande distance en amont, il conviendrait » pour plus d'exactitude de prendre les valeurs successives » de la hauteur du remous, plus rapprochées que de déci- » mètre en décimètre, et d'autant moins différentes entre » elles qu'elles s'approcheraient davantage de la hauteur » du remous. » M. Belanger aurait pu ajouter que cette nécessité de subdiviser la hauteur du remous existerait même pour les hauteurs qu'il a considérées, s'il avait pris son exemple sur un cours d'eau dont la profondeur moyenne eût été plus considérable, trois ou quatre mètres par exemple. Il faut remarquer de plus, que cette méthode ne donne directement que la distance entre deux remous; lorsque l'inconnue du problème est une hauteur de remous, il faut opérer par tâtonnement.

63. La table des remous, qu'on trouvera à la fin de cet ouvrage, résoud directement ces deux natures de problèmes. Voici comment on doit s'en servir; nous prendrons pour exemple les données du problème précédent. Nous commencerons par les transporter sur le cours d'eau dont la profondeur normale est 1^m, en divisant les hauteurs de

remous données par 1,05, hauteur du régime uniforme; nous aurons :

$$Y' = \frac{y}{H} = \frac{1,50}{1,05} = 1,43 \qquad y' = \frac{y}{H} = \frac{0,60}{1,05} = 0,57.$$

Nous chercherons dans la table le nombre qui correspond au gonflement 1,43 (*) et nous trouverons: 2,7586

Ce nombre exprime la distance, à l'origine de la table, du remous $1^m,43$.

Nous trouverons de même pour 0,57. . . . 1,7579

La différence.. 1,0007

exprime la distance entre les deux remous sur le cours d'eau qui sert de base à la table. Pour l'avoir sur le cours d'eau du problème, il suffit de poser :

$$\frac{is}{H} = 1,0007 \quad \text{d'où } s = 1,0007 \frac{1,05}{0,000115} = 9137^m$$

comme nous l'avons déjà dit, le calcul de M. Belanger lui donne 9245^m.

64. *Second exemple.* De quelle hauteur faudrait-il qu'un barrage construit à Poissy y relevât le niveau de l'étiage de la Seine pour que la surélévation de ce même niveau

(*) Pour ne pas alonger inutilement la table, on ne l'a faite dans la partie supérieure que de 0,10 en 0,10, on trouve les valeurs intermédiaires en ajoutant un nombre proportionnel aux différences. La distance à l'origine du remous $1^m,43$ se compose :

De la distance du remous $1^m,40$ 2,7264

Augmentée des 3/10 de la distance 0,1073 entre $1^m,40$ et $1^m,50$. 0,0322

Et se trouve être ainsi. 2,7586

fût de $0^m,891$ sur la surface d'aval du barrage de Maisons [problème proposé par M. de Prony, dans une note insérée aux Annales des Ponts et Chaussées, premier sémestre 1835, et dont s'est occupé aussi M. Vauthier (*Annales 1836, page 279*)].

La hauteur du régime uniforme dans cette partie de la Seine, est. 1,59

La différence de niveau entre Poissy et Maisons, est de. 1,737

Ces deux données suffisent, car ainsi que nous le ferons remarquer tout à l'heure, la diminution du remous entre deux points ne dépend que de leur distance verticale et non pas de leur distance horizontale.

La distance à l'origine de la table de l'ordonnée de Maisons, se trouvera en cherchant le nombre qui correspond à $\frac{0,891}{1,59}=0,56$. 1,7444

Ajoutant la distance de Poissy à Maisons

$\frac{is}{H}=\frac{1,737}{1,59}$. 1,0924

Nous aurons pour distance à l'origine de l'ordonnée cherchée. 2,8368

La table donne en regard de ce nombre $1^m,503$, multipliant ce chiffre, qui exprime $\frac{Y}{H}$, par $H=1^m,59$, nous avons $Y=2^m,39$. C'est la solution du problème, c'est-à-dire que les eaux étant soulevées de $2^m,39$ à Poissy, elles le seront de $0^m,891$ à Maisons. M. Vauthier, par une méthode analogue à celle de M. Belanger, avait trouvé $2^m,385$. M. de Prony était arrivé à un résultat sensiblement différent,

$2^m,15$, parce qu'il avait pris une hauteur du régime uniforme qui n'était pas admissible avec le débit de la Seine. C'est ce qu'a parfaitement expliqué M. Vauthier.

On voit que toute espèce de problème relatif à une question de remous se réduit à la recherche de deux nombres dans une table, et à une addition ou à une soustraction de ces nombres, selon que l'inconnue du problème est une hauteur de remous ou une distance entre deux remous.

65. L'emploi de la série que nous avons donnée plus haut conduirait aux mêmes résultats, puisque la table ne fait que reproduire les valeurs de cette série, dans l'hypothèse d'une hauteur de 1^m pour le régime uniforme. On y substituerait successivement les deux hauteurs de remous données par le problème et la différence entre les deux sommes donnerait la distance entre les remous, si un des remous était inconnu on le déterminerait par tâtonnements. Il pourrait arriver que le cours d'eau fût dans l'étendue considérée de largeurs et de pentes très-sensiblement différentes, de manière que les valeurs de H et de i éprouvassent de grandes variations. Il faudrait alors le diviser en plusieurs parties et déterminer le remous séparément dans chacune d'elles. Cependant si ces variations étaient comprises dans des limites peu étendues, une valeur moyenne de H suffirait, car dans les problèmes de la nature de ceux que nous venons d'examiner, c'est-à-dire où les hauteurs de remous sont assez grandes par rapport à la profondeur du cours d'eau, le terme qui contient H et qui exprime la pente du remous est toujours très-petit, de sorte qu'une erreur même assez forte sur ce terme, n'en produirait qu'une assez petite sur le résultat final. En effet, si on prend seulement les deux premiers termes

de la série, l'équation du remous pourra se mettre sous la forme :

$$is=(Y-y)\left\{1+\frac{H^3}{2}\left(\frac{(2H+Y+y)}{(H+y)^2(H+Y)^2}\right)\right\}$$

Le premier terme Y—y donne la hauteur is comme si le remous était horizontal. Ainsi dans le problème de M. Belanger Y—y=$0^m,90$ et le terme qui exprime la pente du remous se réduit à. . . . . $0^m,163$

Dans le problème de M. de Prony. . Y—y=$1^m,50$

Et le terme qui exprime la pente du remous se réduit à. . . . . $0^m,23$

On voit donc que, dans ces circonstances, le second terme de l'équation est toujours très-petit par rapport au premier, ce que démontre d'ailleurs la formule. Car si on pose $\frac{Y+y}{2}=y'$ et $(H+y)(H+Y)=(H+y')^2$, le terme qui exprime la pente du remous pourra se mettre sous la forme $\frac{Y-y}{\left(1+\frac{y'}{H}\right)^3}$, fraction d'autant plus petite que y' est plus grand par rapport à H.

66. Dans ces sortes de problêmes, l'analyse n'est donc pas appelée à rendre de grands services à la pratique, puisque la partie inconnue de la question se réduit à l'addition de quelques centimètres à une quantité connue beaucoup plus considérable. Ce n'est que dans le cas où la hauteur du remous devient petite par rapport à celle du courant, qu'il est indispensable d'avoir recours au calcul pour se rendre compte de la manière dont le remous di-

minue. Or c'est précisément dans ce cas que la méthode de M. Belanger conduit à des calculs impraticables, tandis que le développement en série se simplifie au contraire. En effet, si dans l'équation différentielle (3) (N° 59) :

$$ids = \frac{(H+y)^3}{(H+y)^3 - H^3}\,dy = \left(1 + \frac{H^3}{(H+y)^3 - H^3}\right) dy$$

on développe le facteur de dy et si on fait la division en ordonnant le dénominateur par rapport à H, on aura, en intégrant, le résultat suivant :

$$\frac{is}{H} + C = \frac{1}{3}\log.\left(\frac{y}{3H}\right) + 2\left(\frac{y}{3H}\right) + \left(\frac{y}{3H}\right)^2 - \left(\frac{y}{3H}\right)^3 + \frac{3}{4}\left(\frac{y}{3H}\right)^4 - \frac{3}{2}\left(\frac{y}{3H}\right)^6 \ldots$$

Cette série est très-convergente lorsque y est petit par rapport à 3H et c'est elle qui nous a servi pour calculer la première partie de la table. On peut faire disparaître la constante en prenant pour origine un remous donné.

Ainsi si on appelle Y le plus grand remous et y le plus petit et si on convient de compter les distances à partir de ce dernier, on aura :

$$\frac{is}{H} = \frac{1}{3}\log.\left(\frac{Y}{y}\right) + 2\left(\frac{Y-y}{3H}\right) + \frac{Y^2 - y^2}{9H^2} - \frac{Y^3 - y^3}{27H^3} + \ldots$$

formule très-commode pour le calcul, et qui le devient davantage encore, lorsque les remous sont assez petits par rapport à 3H pour qu'on puisse négliger le carré de la fraction $\frac{y}{3H}$. En effet la formule connue :

$$\text{Log.}\left(\frac{1+z}{1-z}\right) = 2\left(z + \frac{z^3}{3} \ldots\right)$$

permet d'écrire, lorsque z est une petite fraction :

$$2z = \log.\left(\frac{1+z}{1-z}\right) \text{ et } 2\frac{Y-y}{Y+y} = \log.\left\{\frac{1+\frac{Y-y}{Y+y}}{1-\frac{Y-y}{Y+y}}\right\} = \log.\frac{Y}{y}$$

En substituant la valeur de $Y-y$, tirée de cette équation, dans la série précédente, elle se réduit pour les deux premiers termes à :

$$is = \left(\frac{H+Y+y}{3}\right) \log. \left(\frac{Y}{y}\right)$$

La somme des trois hauteurs $H+Y+y$, exprime à peu près la profondeur P du cours d'eau dans l'étendue du remous, de sorte qu'on a :

$$is = \frac{P}{3} \log.\left(\frac{Y}{y}\right)$$

A l'aide de cette équation, rien ne serait si facile à résoudre que les problêmes relatifs au remous si, sous ce rapport, la table qui est à la fin de cet ouvrage pouvait laisser quelque chose à faire.

Ainsi, par exemple, un remous de $0^m,60$ a été produit dans un fleuve profond, on demande à quelle distance ce remous sera réduit à moitié, $0^m,30$. Nous avons :

$$s = \frac{P}{3i} \log. 2 = 0,231 \frac{P}{i}$$

Il ne reste plus pour déterminer cette distance qu'à connaître la profondeur et la pente du fleuve.

Supposons qu'on ait, comme dans certaines parties du cours de la Loire, $P=6^{m}$, $i=0{,}0002$, nous aurons : $s=6930^{m}$. Ainsi ce n'est qu'à 7^{k} que sur la Loire un remous est réduit à moitié; car on remarquera que la valeur du facteur $\log.\left(\frac{Y}{y}\right)$ ne dépend que du rapport qui existe entre les deux hauteurs de remous.

Pour ces sortes de problèmes, la table des logarithmes hyperboliques ou celle des logarithmes ordinaires, en se servant de l'équation,

$$is=0{,}77\,P\log.\left(\frac{Y}{y}\right)$$

peut remplacer celle que nous donnons et qui n'a d'autre mérite que de réunir toutes les solutions dans un même cadre.

67. Le calcul de l'ordonnée du remous lorsque le courant, en amont, est soumis au régime uniforme, ne présente donc aucune difficulté. Si le régime, en amont, n'est pas uniforme, on remarquera que les variations de i n'ont aucune influence sur les résultats du calcul.

En effet l'ordonnée du remous n'est fonction que de la pente absolue is. De sorte que si on appelle Z cette pente absolue, on a :

$$Z=\frac{P}{3}\log.\left(\frac{Y}{y}\right)$$

Si maintenant on divise le courant en amont en plusieurs parties, qui dans leurs étendues diverses s_1, s_2, s_3, s_4....

pourront être considérées comme ayant la même profondeur, on aura pour les entre-profils consécutifs :

$$3\frac{z_1}{P_1}=\log.\frac{Y}{y_1},\ 3\frac{z_2}{P_2}=\log.\frac{y_1}{y_2}\dots\ \frac{3z_n}{P_n}=\log.\left(\frac{y_{n-1}}{y_n}\right)$$

faisant la somme de ces équations, nous aurons :

$$3\left(\frac{z_1}{P_1}+\frac{z_2}{P_2}\dots+\frac{z_n}{P_n}\right)=\log.\frac{Y}{y}$$

Supposons que la profondeur n'éprouve pas de très-grandes variations de manière qu'on ait : $\frac{1}{P_m}=\frac{1}{P}(1+\alpha_m)$, α_m étant une fraction tantôt positive, tantôt négative. Nous aurons en appelant Z la somme $z_1+z_2\dots z_n$

$$3\frac{Z}{P}=\log.\left(\frac{Y}{y}\right)-\frac{3}{P}(\alpha_1 z_1+\alpha_2 z_2\dots+\alpha_n z_n)$$

Or le dernier terme composé de quantités très-petites alternativement négatives et positives sera toujours nul si la moyenne $\frac{1}{P}$ a été convenablement choisie. On a donc comme dans le cas du courant uniforme :

$$Z=is=\frac{P}{3}\log.\left(\frac{Y}{y}\right)$$

P désignant alors une profondeur moyenne du courant prise dans toute l'étendue considérée. Ce serait le volume d'eau contenu dans cette longueur du canal divisé par la surface. On remarquera que la solution de tous ces problèmes repose sur cette seule donnée P ou H, qui exprime la hauteur du courant. Les coëfficients α et β de la formule de M. de Prony, n'entrent pas dans notre formule du remous. Si le courant considéré ne fournit pas directement cette hauteur H, ce qui n'arrivera presque jamais, il faudra faire sur cette donnée plusieurs hypothèses de manière à avoir les plus grands écarts de l'expérience, et cela suffira presque toujours dans la pratique.

68. Comme nous l'avons fait voir tout à l'heure, dans le cas des basses eaux, la formule du remous ne contient H que dans le plus petit de ses termes, une erreur sur cette donnée, pourvu qu'elle soit renfermée dans certaines limites, en donnera toujours une très-faible sur l'ordonnée totale du remous. Dans le cas des grandes eaux, la hauteur H influe énormément sur le résultat, puisqu'il lui est proportionnel, mais alors il ne peut être question dans la pratique que d'obtenir une limite supérieure du remous. Ainsi, par exemple, l'Ingénieur obligé de se rendre compte de l'effet du remous sur la Loire en temps d'inondation dans une partie du cours du fleuve où les crues ont 6^m de hauteur, fera mieux d'adopter ce chiffre, comme hauteur moyenne, que de le déduire d'observations directes sur la vitesse moyenne et de calculs sur la formule $Hi = \alpha U + \beta U^2$ (formule qui dans le cas considéré ne serait sans doute pas applicable avec les valeurs ordinaires de α et de β). Il aura ainsi une limite supérieure dont il pourra regarder les résultats comme exacts sans inconvénient.

Les modifications que de nouvelles expériences pourront apporter par la suite, à l'expression de la résistance de l'eau, ne changeront donc rien à la formule du remous. Car nous avons fait voir dans le premier chapitre de ces études, qu'on pourra toujours exprimer convenablement cette résistance par une simple correction des coëfficients α

et β, regardés jusqu'à présent comme constants. Or, ces coëfficients, actuellement si incertains, n'entrant pas dans les formules que nous venons de donner, nous croyons qu'elles peuvent satisfaire à tous les besoins de la pratique; bien entendu qu'il ne s'agit pas de cette précision mathématique que les abstractions mathématiques peuvent seules donner, mais de cette exactitude qui est suffisante pour servir de guide aux Ingénieurs, dans l'étude des questions relatives aux cours d'eau.

Nous croyons même devoir nous arrêter un instant pour examiner d'autres formules données pour le même usage et qui pourraient conduire à des erreurs graves.

M. Daubuisson, dans un article des Annales (*1837, p. 78*), reproduit à peu près dans son Traité d'Hydraulique à l'usage des Ingénieurs, a comparé les diverses formules données pour calculer la surface du remous, à des nivellements faits sur le Weser, dans un endroit où l'eau de cette rivière se trouve relevée par des barrages. Il a conclu de cette comparaison : 1° que la formule de M. Belanger donnait des hauteurs d'eau notablement trop petites; 2° que les indications de la formule de Funk, péchaient considérablement par excès, surtout vers l'extrémité du remous; 3° que la courbe indiquée par la formule de M. de Saint-Guilhem, s'écarte peu de celle que présente en réalité la surface du remous. De cette comparaison, M. Daubuisson conclut que la courbe du remous, produite par un barrage, approche d'une hyperbole, dont l'équation diffère peu, au moins en ce qui intéresse la pratique, de celle qu'a donnée M. de Saint-Guilhem. Plus tard, M. de Saint-Guilhem, dans les Annales (*1838, p. 255*), après avoir indiqué la formule de M. Belanger, et la simplification introduite par M. Vauthier, pour calculer la surface du remous, a de nouveau donné sa formule, en disant :

« Les calculs sont beaucoup plus rapides et paraissent » plus conformes à l'expérience par la formule empirique » que je vais indiquer. »

Voyons donc quels sont les résultats de cette formule que la commission des Annales a accueillie avec tant de faveur, et comparons-les avec ceux donnés par les formules établies précédemment. Pour rendre la comparaison plus complète, nous y joindrons ceux de la formule de Funk et ceux d'une formule de M. Poirée, donnée dans les Annales des Ponts et Chaussées, par M. Chanoine (*1839*, *p. 275*), Mémoire dans lequel cet Ingénieur a comparé les résultats de cette formule avec ceux de l'expérience et a tiré de cette comparaison, la conclusion suivante qui termine son Mémoire.

« Il semble dès-lors que l'on peut conclure des exem- » ples précédents que, si l'exactitude mathématique de la » formule parabolique n'est pas rigoureuse, *elle est néan-* » *moins telle, que cette formule peut être employée avec toute* » *sécurité dans un grand nombre de cas,* toutes les fois » surtout qu'il s'agira de calculer approximativement les » remous que pourront produire des barrages en une ri- » vière dont le cours ne serait contrarié par aucun obstacle. »

Nous supposerons qu'un remous de $0^m,40$ a été produit sur la Loire, dans un emplacement où sa pente est de $0^m,20$ par kilomètre et nous chercherons la courbe du remous en temps de crue, où la hauteur du cours d'eau est de 6^m.

En mettant dans ces diverses formules les mêmes notations, elles deviennent :

Celle de Funk : $y = 2Y - \left\{ is + \sqrt{Y\left(Y - \frac{1}{2}is\right)} \right\}$

Celle de M. de Saint-Guilhem :

$$y=Y\sqrt[5]{\frac{1}{1+\frac{4}{9}Y\left(\frac{is}{Y}\right)^6}+\left(\frac{is}{Y}\right)^5}-is$$

Celle de M. Poirée : $y=Y-is+\frac{i^2s^2}{4Y}$

Celle du mouvement varié qui convient à ce cas :

$$\text{Log. } y=\log. Y-\frac{3is}{P}$$

mettant dans ces quatre formules : pour Y sa valeur $0^m,40$; pour H, 6^m; pour P, $6^m,60$, et faisant tour-à-tour $is=0^m,20$, $0^m,40$, $0^m,60$..... on en déduira les valeurs correspondantes de y à 1, 2, 3 kilomètres en amont du remous $0^m,40$.

Nous aurons donc :	HAUTEUR DU REMOUS. à 0^k	à 1^k	à 2^k	à 3^k
Suivant la formule de Funk.	0,40	0,25	0,12	0,00
— la formule de M. de Saint-Guilhem.	0,40	0,21	0,09	0,02
— la formule de M. Poirée.	0,40	0,22	0,10	0,02
— la form. du mouvement permanent.	0,40	0,37	0,34	0,30

On voit que les trois premières formules empiriques sont d'accord pour annoncer que la surface du remous s'est raccordée avec la surface naturelle de l'eau, à 3 kilomètres en amont du remous de $0^m,40$.

En comparant ce résultat avec celui de la quatrième ligne, on verra combien cette conclusion est fausse. Suivant la formule du mouvement varié, ce remous est encore en ce point de $0^m,30$. A 7 k. il serait encore de $0^m,20$;

certes ce ne sont pas là des hauteurs négligeables dans la pratique. Une erreur de cette importance peut occasionner les plus grands désastres. On en commettrait de bien plus considérables encore, si on supposait au remous une hauteur plus forte que $0^m,40$.

Nous nous sommes arrêté à cet exemple, parce qu'il s'est présenté et qu'il a été calculé dans une question très-importante d'après la formule de M. de Saint-Guilhem.

70. La seule inspection de ces formules empiriques, dont l'usage est cependant recommandé par la Commission des Annales, suffit pour reconnaître qu'elles ne peuvent représenter la courbe du remous, lorsqu'on a un instant réfléchi sur ses propriétés.

D'abord il est évident que dans l'équation de la courbe y et Y, doivent entrer de la même manière, le point pris pour origine étant un point quelconque de la courbe, qui jouit des mêmes propriétés que tous les autres.

Ces formules supposent que la tangente à la courbe est horizontale près du point pris pour origine. Or cela n'est pas, car un point quelconque de la courbe peut être pris pour origine.

Ainsi, si nous supposions un remous de $0^m,60$, nous trouverions un peu en amont le remous de $0^m,40$. En amont de ce point les formules empiriques donneraient deux courbes; l'une ayant la tangente horizontale au remous $0^m,60$, et l'autre au remous $0^m,40$, ce qui n'est pas possible.

Ces formules ne contiennent pas la hauteur du courant naturel, de sorte que la courbe du remous se trouve indépendante de cette dimension, dont la grande influence est cependant évidente *à priori*.

Malgré l'autorité des auteurs que nous venons de citer, réunie à celle de la Commission des Annales des Ponts et Chaussées, nous croyons qu'on ne doit se servir de ces formules dans aucune espèce de cas, parce que leur emploi peut entraîner dans des erreurs très-dangereuses.

Quant à l'objection qu'a faite M. Daubuisson, à la formule du mouvement varié, de ne pas se trouver d'accord avec un remous observé sur le Weser, nous ferons remarquer que pour apprécier ce prétendu désaccord, il faudrait pouvoir vérifier les données du problème et principalement la hauteur du régime uniforme. M. Daubuisson, qui s'est servi de la formule et de la méthode si compliquée de M. Belanger, et qui en a même étendu l'usage aux parties supérieures du remous, ce qui l'a entraîné nécessairement dans des erreurs de calcul, ne paraît pas avoir soupçonné l'importance de cette quantité essentielle, puisqu'il propose l'emploi d'une formule qui en est indépendante, et qu'il se borne à la déduire d'un calcul approximatif et de données assez vagues qui ne présentent aucune garantie d'exactitude (*). Il y a là probablement une erreur du genre de celle que M. Vauthier a signalée dans les calculs de M. de Prony, sur le remous de la Seine. Rien ne serait si facile que de faire cadrer les résultats de la formule du mouvement varié avec ceux du Weser, en prenant pour hauteur du régime uniforme une quantité plus grande que $0^m,752$ admis par M. Vauthier. Cette expérience du Weser ne peut donc en rien diminuer la confiance que mérite cette formule, la seule suivant nous, dont les résultats doivent être admis dans la pratique.

(*) La largeur du courant a varié de 71^m à 132^m.... le fond étant supposé avoir partout une pente égale, mais il est loin de l'avoir en réalité. (*M. Daubuisson, Mémoire cité page* 80.)

71. Dans beaucoup de questions du métier de l'Ingénieur, il est bon non-seulement de pouvoir calculer par des formules simples l'étendue du remous, mais de connaître les principales propriétés de cette surface, qui dispensent dans beaucoup de cas de ces calculs, en permettant d'apprécier les conséquences immédiates de telle ou telle disposition.

La distance entre deux hauteurs de remous déterminées, est en raison inverse de la pente du cours d'eau.

Cette propriété résulte de ce que l'équation de la courbe du remous se présente sous la forme $is=f(y)$. Il suit de là que les remous s'alongent d'autant plus que les rivières ont moins de pente. Ainsi pour diminuer un remous d'une certaine quantité, il ne s'agit pas de s'éloigner d'une certaine distance, sur le cours d'eau naturel, mais de s'y élever d'une certaine hauteur. Ce qui peut s'exprimer ainsi :

La diminution du remous entre deux points est due non pas à leur distance, mais à leur différence de niveau.

Ces propriétés sont générales à tous les cours d'eau et à tous les remous. Mais les suivantes ne sont applicables qu'au cas où le remous est petit par rapport à la profondeur du courant, ce qui a lieu dans les crues. Dans ces circonstances :

La distance entre deux hauteurs de remous est proportionnelle à la profondeur du courant pour des pentes égales.

Ainsi, dans les rivières à grande profondeur ou à grandes crues, les remous peuvent se faire sentir fort loin en amont, surtout si la pente est faible, ce qui a lieu en général dans la partie inférieure des grands fleuves. Tel remous, qui est sans inconvénient sur une rivière qui a peu de profondeur et beaucoup de pente, peut devenir très-dangereux sur une rivière profonde et à faible pente. Ainsi d'après les calculs que nous avons faits, un remous de $0^m,80$ sur la Loire est encore de $0^m,40$ à 7^{kil}, de $0,^m20$ à 14^{kil} et de $0^m,10$ à 21^{kil}.

En remplaçant dans l'équation de la courbe du remous en grandes eaux la pente i par sa valeur $\frac{\beta U^2}{H}$ on obtient:

$$s = \frac{P^2}{3\beta U^2} \log. \left(\frac{Y}{y}\right)$$

d'où on tire les propriétés suivantes :

La distance entre deux hauteurs des remous est proportionnelle au carré de la profondeur du courant pour des vitesses égales; en raison inverse du carré de la vitesse pour des profondeurs égales.

En y remplaçant au contraire P par sa valeur $\frac{\beta U^2}{i}$ on aurait :

$$s = \frac{\beta U^2}{3i^2} \log. \left(\frac{Y}{y}\right)$$

et on en déduirait les deux autres propriétés.

La distance entre deux hauteurs des remous est proportionnelle au carré de la vitesse pour des pentes égales; en raison inverse du carré de la pente pour des vitesses égales.

On voit en général que ce qui augmente la longueur du remous, c'est la profondeur, et que ce qui le diminue c'est la pente du courant. L'Ingénieur appelé à projeter des travaux sur les cours d'eau à grandes profondeurs et à faibles pentes, doit donc porter son attention bien au-delà des travaux qu'il est chargé d'exécuter. On voit en même temps, par l'exemple numérique que nous venons de citer, que l'exhaussement des crues peut avoir pour cause des travaux situés fort loin à l'aval.

Il y a aussi à cet égard une importante observation à faire, c'est que les grands remous produits par des travaux hydrauliques voisins sur les basses eaux, ne s'ajoutent pas entre eux. Le remous résultant en amont de deux étranglements successifs n'est pas la somme des remous partiels, parce que le remous d'aval en relevant sensiblement les eaux détruit la perte de force vive qui existait en amont. Cela est évident pour les barrages, et un instant de réflexion fait voir qu'il en est de même pour les étranglements.

Supposons que la profondeur du courant naturel soit de 1^m, que la section ait été réduite à moitié par l'effet d'un étranglement d'une étendue telle qu'il a occasionné un remous de 1^m de hauteur. Si, un peu à l'aval, on fait un étranglement semblable, il sera bien loin de produire un remous de 2^m, parce que les eaux relevées, passant dans le premier étranglement avec une hauteur de 1^m, en sus, n'y éprouveront peut-être qu'une résistance à peu près égale à celle qu'elles avaient dans le lit naturel, l'effet de l'étranglement supérieur se trouvera donc à peu près détruit par celui de l'étranglement inférieur.

En grandes eaux au contraire, 1^m de plus de hauteur n'augmenterait la section dans l'étranglement d'amont que de $\frac{1}{6}$, si la hauteur primitive était de 6^m, les forces retardatrices développées dans cet étranglement ne seraient donc pas sensiblement diminuées, et par conséquent l'eau en amont devrait conserver l'excès de hauteur nécessaire pour les vaincre.

Ainsi dans les basses eaux, les remous inférieurs s'arrêtent et se fondent dans les remous supérieurs qu'ils soulèvent à peine; dans les grandes eaux les remous se superposent les uns sur les autres en s'ajoutant.

Si, par exemple, dans l'intérieur d'une ville on fait un pont qui produise, en grandes eaux, un remous de $0^m,40$ et qu'ensuite à peu de distance à l'aval ou en fasse un second, un troisième semblables, ce remous de $0^m,40$ deviendra successivement $0^m,80$, $1^m,20$, etc.

Telles sont les conséquences principales qui peuvent se déduire de l'équation de la surface du remous dans les cours d'eau naturels.

72. Nous n'avons considéré jusqu'à présent que les cours d'eau dans lesquels la hauteur des bords est petite, par rapport à leur largeur. Dans les très-petits cours d'eau, dans les canaux artificiels, il peut être nécessaire de faire entrer cette hauteur dans le calcul, il faut alors avoir recours à l'équation générale que nous avons donnée plus haut, qui même dans ce cas peut être simplifiée.

En effet l'équation différentielle (1) (N° 58) peut s'écrire ainsi :

$$i\frac{ds}{dy}=1+\frac{mH}{3n}\left(\frac{1}{y}-\frac{1}{y+nH\left[\dfrac{1}{1+\dfrac{y}{3H}}\right]}\right)+\frac{3(1-n)H^2}{(y+\frac{3}{2}H)^2+(3n-\frac{9}{4})H^2}$$

Nous avons dit que n était toujours compris entre $\frac{2}{3}$ et 1, $(3n-\frac{9}{4})$ est donc une fraction négligeable dans le dénominateur du dernier terme; de plus la fraction $\dfrac{1}{1+\dfrac{y}{3H}}$

peut être considérée comme constante, car en appelant δ sa valeur, on a pour . . . . $y = 0 \ldots \delta = 1$

$y = H \ldots \delta = \frac{3}{4}$

$y = 2H \ldots \delta = \frac{3}{5}$

$y = 3H \ldots \delta = \frac{1}{2}$

Or, dans toute question pratique, le remous est toujours limité, on pourra donc remplacer, sans erreur sensible, $\dfrac{1}{1+\dfrac{y}{3H}}$ dans l'équation ci-dessus par une fraction δ convenablement déterminée. Nous aurons donc en intégrant entre les limites Y et y :

$$is = (Y - y)\left\{1 + \frac{3(1-n)H^2}{(Y+\frac{3}{2}H)(y+\frac{3}{2}H)}\right\} + \frac{mH}{3n}\log.\left(\frac{Y(y+\delta nH)}{y(Y+\delta nH)}\right) \quad (1)$$

Telle est la formule dont on pourra se servir dans un canal rectangulaire quelconque. On reconnaît facilement en examinant l'influence de la quantité n sur chacun des termes de cette formule, que plus le canal est étroit, plus le remous s'alonge. On se rend parfaitement compte de ce résultat en considérant que les bords en augmentant le périmètre mouillé dans le remous donnent une nouvelle résistance qui exige un surcroît dans la chute. Mais pour peu que les cours d'eau aient de largeur par rapport à leur hauteur, cette influence devient peu importante.

En posant $m = n = 1$ et en prenant pour δ sa valeur moyenne $\frac{3}{4}$, on obtient pour les cours d'eau ordinaires une formule :

$$is = (Y - y) + \frac{H}{3}\log.\left(\frac{Y}{y}\right)\left(\frac{y + \frac{3}{4}H}{Y + \frac{3}{4}H}\right)$$

dont le calcul est très-facile et qui peut remplacer la table que nous avons donnée. En supposant $\frac{y}{H}$ très-petit par rapport à H, on aurait : $\delta=1$, $\log.\left(1+\frac{y}{H}\right)=\frac{y}{H}$ et par conséquent :

$$is=\frac{2}{3}(Y-y)+\frac{H}{3}\log.\left(\frac{Y}{y}\right)$$

équation qui convient aux remous peu considérables et qui se simplifie encore (N° 66) comme nous l'avons vu.

73. L'équation de la courbe du remous de dépression, se déduit de la même manière de l'équation différentielle générale (2) (N° 59), dans laquelle il suffit de changer y en $-y$, dy en $-dy$, on a ainsi :

$$\frac{ids}{dy}=-1+\frac{mH}{3n}\left\{\frac{1}{y}+\frac{\frac{3}{2}H-y}{(\frac{3}{2}H-y)^2+(3n-\frac{9}{4})H^2}+\frac{\left(\frac{3}{2}-9\frac{n(1-n)}{m}\right)H}{(\frac{3}{2}H-y)^2+(3n-\frac{9}{4})H^2}\right\}$$

dont l'intégrale est :

$$is+C=-y+\frac{mH}{3n}\left\{\frac{1}{2}\log.\left(\frac{y^2}{y^2-3Hy+3nH^2}\right)-\right.$$

$$\left.-\frac{\frac{3}{2}-9\frac{n(1-n)}{m}}{\sqrt{3n-\frac{9}{4}}}\text{Arc}\left(\text{tang.}=\frac{\frac{3}{2}H-y}{H\sqrt{3n-\frac{9}{4}}}\right)\right\}$$

S'il s'agit d'un cours d'eau assez large, et qu'on puisse faire $m=n=1$, comme dans la plupart des cours d'eau ordinaires, on aura, en faisant la division et intégrant chaque terme, la série suivante :

$$C+\frac{is}{H}=\frac{1}{3}\log.\left(\frac{y}{3H}\right)-2\left(\frac{y}{3H}\right)+\left(\frac{y}{3H}\right)^3.....$$

Si y est petit par rapport à H, ce qui a lieu dans les parties supérieures du remous, on peut ne conserver que les deux premiers termes de la série, et en faisant sur le second une transformation semblable à celle que nous avons faite plus haut, on aura :

$$is=\frac{H-Y-y}{3}\log.\frac{Y}{y}$$

pour le remous de gonflement, nous avions eu :

$$is=\frac{H+Y+y}{3}\log.\frac{Y}{y}$$

On voit que lorsque $Y+y$ est petit par rapport à H, les deux équations diffèrent très-peu. Ainsi vers l'amont, le remous de dépression diffère peu du remous de gonflement.

Quoique la série précédente soit toujours convergente, puisque dans le remous de dépression y est nécessairement plus petit que H, il serait plus commode pour les parties de la courbe situées à l'aval, de se servir de la série qu'on obtient en opérant la division du coëfficient de dy dans l'équation différentielle simplifiée pour le cas des cours d'eau larges par rapport à leur hauteur (3) (N° 59) :

$$ids=\frac{\left(\frac{H-y}{H}\right)^3}{1-\left(\frac{H-y}{H}\right)^3}dy$$

en intégrant successivement tous les termes du quotient, on aura :

$$\frac{is}{H}=C-\left\{\frac{1}{4}\left(\frac{H-y}{H}\right)^4+\frac{1}{7}\left(\frac{H-y}{H}\right)^7\ldots\right\}$$

On voit que, vers l'aval, la courbe de dépression est une parabole du quatrième degré, qui offre la plus grande analogie avec la courbe que nous avons trouvée dans le cas où l'eau coule sur un fond horizontal ou en sens inverse de la pente (Nos 54 et 55).

Ainsi, lorsqu'on abaisse sensiblement le niveau de l'eau dnas un canal, en amont elle se relève assez brusquement par une courbe arrondie, puis ne retrouve que très-loin son ancien niveau par une courbe aplatie (fig. 20). C'est la propriété caractéristique de la courbe du remous d'abaissement, qu'il importe d'avoir présente à l'esprit, dans l'étude des projets de navigation, qui comportent des élargissements, des redressements ou des approfondissements du lit naturel du cours d'eau qu'on veut améliorer.

Quant au calcul exact de l'ordonnée de la courbe, on remarquera encore que pour les cours d'eau naturels, la formule peut se mettre, comme pour le remous de gonflement, sous la forme $\frac{is}{H}=f\left(\frac{y}{H}\right)$ et qu'elle est par conséquent susceptible d'être mise dans une table à deux colonnes qui dispense de tout calcul.

74. Ainsi, dans une rivière dont la pente est 0,0003 et la hauteur du régime uniforme $1^m,20$, on a fait un draguage ou un élargissement qui a eu pour résultat d'abaisser le niveau de l'eau, un peu en amont, de $0^m,36$, on demande à quelle distance cet abaissement sera réduit à $0^m,12$.

La distance à l'origine de la table, du remous $\frac{0,36}{1,20} = 0,30$ est 0,9448

Celle du remous $\frac{0,12}{1,20} = 0,10$ est 0,7020

Nous avons donc . . . . $\frac{is}{H} =$ 0,2428

$$\text{d'où } s = \frac{1,20}{0,0003}\, 0,2428 = 971^m$$

Ainsi, à 971^m en amont, l'abaissement serait encore de $0^m,12$.

Dans les applications pratiques qu'on pourrait faire de cette formule, il faudrait distinguer avec soin le cas d'un abaissement produit au-dessous du niveau normal, de celui d'un abaissement qui a pour résultat de diminuer ou de détruire un gonflement et de ramener la surface de l'eau vers le niveau normal. En effet, il arrive souvent que les hauts fonds forment barrage et occasionnent un remous de gonflement au-dessus de la surface naturelle. Le draguage de ces hauts-fonds ne produit donc pas un remous d'abaissement, mais une diminution du remous de gonflement, et alors il faut se servir de la table et des formules du remous de gonflement.

Ainsi, si avec les données de la question précédente, on supposait que la rivière, dans laquelle on a opéré le draguage qui a baissé le niveau de $0^m,36$, fût précédemment gonflée et que cette opération l'eût ramenée à son niveau normal, la table du remous de gonflement donnerait :

Pour distance à l'origine du

remous de gonflement $\frac{0,36}{1,20}=0,30$ . . . 1,3426

Pour celle du remous $\frac{0,12}{1,20}=0,10$ . . . 0,8353

Pour $\frac{is}{H}$ entre les deux remous. 0,5075

Et pour $s=2030^m$ distance deux fois plus grande que la première.

75. Dans les calculs précédents, pour le remous de gonflement, comme pour le remous d'abaissement, nous avons supposé qu'il s'agissait de cours d'eau de pentes assez faibles pour qu'on pût négliger $\frac{U^2}{gH}$ par rapport à 1. S'il n'en était pas ainsi, on ne pourrait plus calculer le remous au moyen des tables, et il faudrait avoir recours à la série fort simple :

$$\frac{is}{H}+C=\frac{H+y}{H}-\left(1-\frac{U^2}{gH}\right)\left\{\frac{1}{2}\left(\frac{H}{H+y}\right)^2+\frac{1}{5}\left(\frac{H}{H+y}\right)^5\ldots\right\}$$

Cette série est aussi facile à calculer dans le cas où m (N° 59) est négatif que dans le cas où m est positif; elle peut servir au remous à ressaut comme au remous ordinaire; mais lorsque le canal considéré est assez étroit pour qu'on ne puisse plus négliger le frottement des parois latérales, il faut avoir recours à la formule que nous avons donnée plus haut (1) (N° 72).

Appliquons cette formule à l'expérience, N° 2, de

M. Bidone, calculée par M. Belanger. Les données de l'expérience sont :

$$L=0{,}1625,\quad H=0{,}064,\quad U=1{,}69,\quad i=0{,}023,\quad Y=0{,}216$$

on en déduit :

$$n=1-\frac{H}{3(L+H)}-\frac{(L+H)\alpha U}{3LHi}=0{,}893,\quad m=1-\frac{U^2}{gH}=-3{,}55$$

De plus, comme les valeurs de y sont assez fortes par rapport à H, on prendra $\partial n=0^m{,}60$. En mettant ces valeurs dans l'équation ci-dessus, il vient :

$$is=(0{,}216-y)\left(1+\frac{4{,}21}{1000\,y+96}\right)-0{,}0848\left(\log.\left(\frac{y+0{,}038}{y}\right)-0{,}162\right)$$

On remarquera que quelle que soit y, la fraction $\frac{4{,}21}{1000y+96}$ est toujours comprise entre 0,043 et 0, que par conséquent on peut, sans erreur sensible, la considérer comme constante et égale à 0,02. L'équation se réduit alors, en y mettant la valeur de i, à :

$$s=10{,}176-\left\{44{,}35\,y+3{,}69\log.\left(\frac{y+0{,}038}{y}\right)\right\}$$

En mettant maintenant dans cette équation une valeur quelconque de y, on trouvera immédiatement la valeur correspondante de s.

Soit $y=0^m{,}206$, nous aurons. . . . . $s=0^m{,}415$

M. Belanger avait trouvé en 1828. . . . $s=0^m{,}421$

Dans ses leçons de l'Ecole des Ponts et Chaussées, en 1846. . . . . $s=0^m{,}419$

Si on fait $y=0{,}046$, nous aurons. . . . $s=5^m{,}914$

M. Belanger avait trouvé en 1828. . . . $s=5^m{,}986$

Id. en 1836. . . . $s=5^m{,}797$

Pour arriver à ce résultat, que nous obtenons directement, comme on vient de le voir, M. Belanger est obligé de calculer tous les points intermédiaires de la courbe par une méthode semblable à celle qu'il emploie pour le remous ordinaire et dont nous avons démontré les inconvénients et l'inutilité. Quant aux différences des résultats trouvés par M. Belanger, à deux époques différentes, elles tiennent à ce que cet Ingénieur, dans ses leçons de 1846, a affecté d'un coëfficient de correction le terme de la formule qui exprime l'accroissement de la force vive. Nous avons fait voir dans le chapitre précédent tout ce qu'il y a d'inexact dans la manière dont cette correction a été faite jusqu'à présent.

Si on faisait $y = 0^m,036$, on trouverait $s = 5^m,92$, quantité qui ne diffère que de $0^m,06$ de celle qu'on a trouvée pour $y = 0^m,046$ et qui indique que ce point appartient à la croupe arrondie de la courbe qui forme ressaut. Des valeurs de y un peu plus faibles donneraient des distances plus courtes, appartenant à des points de la branche qui revient vers le barrage et qui, comme nous l'avons dit, n'est qu'un résultat d'analyse.

76. Si on voulait déterminer à quelle distance du barrage a lieu le ressaut, il faudrait faire dans l'équation :

$$y = H\left(\sqrt[3]{\frac{U^2}{gH}} - 1\right) \qquad (\text{N}^\circ\ 57)$$

valeur qui, comme nous l'avons vu, donne la tangente verticale. Mais ici, l'expérience de M. Bidone ne se trouve pas d'accord avec le calcul, car le ressaut s'est formé à $3^m,50$

du barrage, tandis que, d'après la formule, il devait se trouver à plus de 6m. Cette discordance doit tenir, selon nous, à ce que les données du problème ont été mal observées; il suffit, en effet, d'une légère erreur sur la hauteur du barrage pour en produire une considérable sur la distance du ressaut. Dans l'exemple précédent, chaque centimètre de hauteur correspond à 0m,42 comme distance. On ne peut même guère douter qu'il n'y ait eu dans l'expérience quelque inexactitude de ce genre. Il est évident, en effet, qu'il y a dans le ressaut de nombreuses causes de pertes de force vive, dont les formules ne tiennent pas compte, il est donc impossible que le calcul donnant la surface ARB (fig. 24), l'expérience donne AR'B. Car la résistance à la paroi, qui résulterait de cette dernière courbe, serait plus grande que celle qui résulterait de la première, dans laquelle tout le travail produit par la chute de l'eau se trouve cependant absorbé. Une expérience bien faite et bien observée doit donc donner un résultat en sens inverse de celui annoncé, c'est-à-dire un remous plus long que celui de la formule.

Aujourd'hui que l'analyse est parvenue à rendre compte des circonstances principales du phénomène du ressaut, il serait utile de répéter les expériences de M. Bidone, pour que les résultats en fussent vérifiés avec soin.

77. Quant à la hauteur du ressaut nous ferons remarquer que, rigoureusement parlant, cette hauteur est :

$$y = \mathrm{H}\left(\sqrt[3]{\frac{\mathrm{U}^2}{g\mathrm{H}}} - 1\right)$$

qui rend le coëfficient de $\frac{dy}{ds}$ infini (1) (N° 59), mais la courbe s'élevant de suite, presque verticalement, se trouve, à très-peu de distance du ressaut, atteindre une hauteur beaucoup plus considérable que celle qui est donnée par l'équation ci-dessus. C'est cette saillie apparente de l'espèce de croupe qui termine la surface du remous qu'on considère comme la hauteur du ressaut. Or cette saillie peut être donnée immédiatement par l'équation différentielle de la courbe du remous, en la laissant sous sa forme primitive (1) (N° 38) :

$$d\zeta = \frac{udu}{g} + \int_0^\lambda \varphi\, ds$$

En intégrant cette équation entre le point R, qui sur le ressaut est le plus voisin de la surface naturelle, et le point m qui en est à une petite distance, en appelant ξ la hauteur pm comptée de bas en haut, U′ la vitesse moyenne en m, il vient :

$$\xi = \frac{U^2 - U'^2}{2g} - \int_0^\lambda \varphi\, ds$$

Le dernier terme exprime la résistance du lit sur la longueur Rp, cette quantité serait plus petite que $i \times Rp$, s'il ne se développait pas de forces retardatrices particulières dans le ressaut; car dans cette partie, la vitesse u est plus petite que U, et la hauteur h plus grande que H; et comme la longueur Rp est très-courte, on pourrait négliger cette quantité. On aurait alors en faisant abstraction des forces retardatrices spéciales au ressaut, qui doivent en diminuer la hauteur :

$$\xi = \frac{U^2 - U'^2}{2g} = \frac{U^2}{2g}\left(1 - \frac{H^2}{(H+\xi)^2}\right),$$

d'où
$$\xi = \frac{U^2}{4g} - H + \sqrt{\frac{U^2}{2g}\left(\frac{U^2}{8g} + H\right)}$$

C'est-à-dire que la hauteur du ressaut est égale à la différence des hauteurs dues aux vitesses du courant, en amont et en aval du ressaut.

C'est en ces termes et par une autre démonstration que M. Belanger a donné en 1828 la solution de ce problême. Depuis, dans ses leçons lithographiées, cet Ingénieur a présenté une nouvelle démonstration du phénomène du ressaut, qui l'a conduit à une valeur plus petite que la précédente, d'où il a cru pouvoir conclure: *qu'il y a une perte de hauteur due aux actions mutuelles et à l'agitation du liquide.*

Il est hors de doute qu'une perte de cette nature doit exister, mais nous ne croyons pas que la nouvelle formule de M. Belanger en donne l'appréciation. Il n'y a en effet que deux manières de l'obtenir; par l'expérience, et par le calcul. Par l'expérience, en comparant les résultats de l'observation avec ceux de la formule et considérant la différence comme proportionnelle à la force vive perdue; ainsi dans le cas que nous avons considéré le calcul donnant pour hauteur du ressaut. 0,1305

Et l'expérience. 0,1250

La différence. 0,0055

pourrait servir à évaluer les forces retardatrices développées dans le ressaut. Mais si on jette les yeux sur le tableau

(*Essai sur la solution numérique...., page 36*), dans lequel M. Belanger a comparé les résultats de la formule avec ceux des expériences de M. Bidone, on reconnaîtra que ces dernières ne peuvent servir à l'usage que nous indiquons, attendu qu'elles donnent des différences insignifiantes, ou souvent même en sens inverse, ce qui est une nouvelle preuve que les données ne sont pas exactes. Au reste pour établir sa nouvelle formule, M. Belanger n'a pas eu recours à l'expérience, il l'a déduite de considérations purement analytiques. Or, cet auteur, n'ayant fait aucune hypothèse sur la nature des forces retardatrices développées dans le ressaut, ne pouvait arriver à en calculer l'effet, et si sa formule de 1846 diffère de celle de 1828, cela ne peut provenir, selon nous, que d'une erreur dans l'évaluation du travail des forces qui agissent sur le liquide. La nouvelle formule s'écarte d'ailleurs beaucoup plus de l'expérience que l'ancienne, car elle ne donne au ressaut qu'une saillie de $0^m,103$.

Cette théorie du ressaut est importante à considérer, parce qu'elle rend compte de beaucoup de phénomènes que présente le mouvement des eaux courantes. Il ne faut jamais perdre de vue qu'un cours d'eau animé d'une certaine vitesse possède la faculté de relever sa surface d'une quantité égale à $\frac{U^2}{2g}$, de sorte que tout ou partie de ce relèvement a lieu, lorsque se présentent des circonstances convenables : nous en verrons plusieurs exemples. Il est d'ailleurs bien évident que cette quantité $\frac{U^2}{2g}$ est la limite du phénomène. De sorte que si, au point où a lieu le ressaut (fig. 22), on élève une verticale égale à $\frac{U^2}{2g}$, et que par ce point on mène une horizontale, on aura une limite que la surface de l'eau ne pourra atteindre. De plus si on se rappelle que la tangente à l'infini de la courbe du remous à ressaut est horizontale, on en conclura que cette courbe est asymptote à une horizontale.

78. M. Vauthier a rattaché l'explication du phénomène du mascaret à la théorie du remous à ressaut. Il compare l'effet de la marée montante à celui d'un barrage qui changerait de hauteur sans changer d'emplacement, et produirait ainsi un gonflement ou ressaut qui en s'allongeant, à mesure que le barrage monterait, produirait cette lame d'eau remontante à laquelle on a donné le nom de mascaret. Les choses se passeraient en effet de cette manière dans un cours d'eau à grande pente, mais elles se passeraient d'une manière toute différente dans les rivières ordinaires dont la pente est faible, car la courbe du remous produite par un barrage qui s'éléverait à leur embouchure serait concave et se raccorderait sans ressaut sensible avec la surface naturelle du courant. L'explication de M. Vauthier nous paraît donc inadmissible. L'erreur de cet Ingénieur tient à ce que jusqu'à présent la condition $\frac{U^2}{gH} > 1$ du remous à ressaut n'avait pas été géométriquement expliquée.

Nous avons fait voir plus haut qu'elle correspondait à $i > g\beta$ ou $i > 0{,}0035$. Or la pente de la Dordogne, où ce phénomène se remarque surtout, n'étant que de $0{,}0001$, on voit de suite que le remous à ressaut ne peut s'y produire.

S'il était permis d'expliquer un phénomène qu'on n'a pas observé soi-même, nous dirions : le mascaret n'est autre chose que la croupe arrondie de la parabole du quatrième degré que donne tout courant qui s'avance sur un fond horizontal ou à contre-pente. Nous avons vu, en effet, que c'était là la courbe qui se produisait dans ces circonstances.

Si le Thalweg de la vallée AB (fig. 25) est sensiblement à sec, on aura la croupe tout entière, mais si la vallée contient une certaine hauteur d'eau A'B' ou A''B'', la croupe disparaîtra dans cette hauteur, et on n'apercevra plus que la partie supérieure de la courbe, dont le raccordement avec la surface naturelle du courant deviendra insensible, si la hauteur du fleuve est considérable. Cette explication nous paraît parfaitement d'accord avec la description du phénomène telle que la donne M. Vauthier.

« Il paraît que le phénomène n'a lieu que dans les plus » fortes marées et lorsque les eaux de la Dordogne *sont* » *très-basses*, quand cette double condition se trouve rem- » plie, ce qui arrive ordinairement dans les mois d'août et » de septembre, on voit à l'embouchure de la Dordogne, » une lame d'eau d'environ six pouces, courir le long de » la rive, la remonter et la parcourir dans toutes ses si- » nuosités avec beaucoup de rapidité et un léger bruit, » jusqu'à la distance d'environ huit lieues de son embou- » chure (*page 290 du Mémoire cité*). »

On voit que la différence essentielle entre l'explication de M. Vauthier et la nôtre, consiste en ce que, suivant ce savant Ingénieur, le mascaret serait produit par les eaux de la Dordogne, simplement ralenties par l'élévation de la marée, tandis que, suivant nous, ce serait par les eaux de la mer remontant le lit de la Dordogne. Ainsi la question pourrait être tranchée par un simple flotteur placé à l'aval du mascaret et indiquant le sens dans lequel les eaux s'écoulent. Si elles vont vers la mer, l'explication de M. Vauthier est admissible, si elles remontent au contraire la vallée, c'est la nôtre qui devient probable. Il nous semble au reste que dès à présent, il y a, dans la description de M. Vauthier, un fait qui est en contradiction complète avec son explication et qui doit la faire rejeter. C'est que, lorsque les eaux sont très-basses, on remarque une lame d'environ six pouces. Or, pour qu'un relèvement de $0^m,16$ d'un courant soit possible, il faut que ses eaux soient animées d'une vitesse d'au moins $U = \sqrt{2g \times 0,16} = 1^m,77$. Or dans les circonstances dont on parle, les eaux de la Dordogne n'ont même pas une vitesse de 1^m, c'est-à-dire qu'elles ne peuvent se relever à peine de $0^m,05$. Quoi qu'il en soit, nous appelons, comme M. Vauthier, l'attention des observateurs sur ce phénomène intéressant qui mérite d'être étudié avec soin.

CHAPITRE IV.

DU MOUVEMENT VARIÉ DANS UN CANAL

IRRÉGULIER.

79. Dans le chapitre précédent, nous avons exposé les ressources que présentait l'état actuel de la science pour déterminer dans un canal régulier la surface de l'eau en amont d'un étranglement ou d'un élargissement de ce canal. Nous allons chercher maintenant à déterminer cette surface dans la partie même du canal qui est étranglée ou élargie.

Il peut se présenter plusieurs cas, que nous allons examiner successivement.

Le plus simple est l'étranglement ou l'élargissement parallèle continu sur une grande étendue. On peut alors calculer la hauteur de l'eau dans les deux canaux considérés, dont les demi-largeurs sont L et L', par les formules du mouvement uniforme (N° 21). En effet, il est évident que l'étranglement indéfini ne change pas la pente générale. On a alors, pour déterminer dans le nouveau canal la hauteur H', les vitesses W', U' et V', les quatre équations suivantes :

$$H'i = aW' + bW'^2, \qquad U' = W' + \frac{H'^2 i}{3\varepsilon},$$

$$V' = W' + \frac{H'^2 i}{3\varepsilon}, \qquad L'H'U' = LHU,$$

mais comme, dans la plupart des cas pratiques, les longs étranglements n'ont pas pour résultat de diminuer la largeur du cours d'eau dans un rapport considérable, on pourra presque toujours leur appliquer la formule simplifiée de M. de Prony : $H'i = \beta U'^2$ qui, combinée avec la dernière des équations précédentes, donnera :

$$H'^3 = \frac{\beta U^2}{Hi} H^3 \frac{L^2}{L'^2}$$

d'où $H' = H\sqrt[3]{\frac{L^2}{L'^2}}$ et $Y = H' - H = H\left(\sqrt[3]{\frac{L^2}{L'^2}} - 1\right)$

Ainsi le remous produit par un long étranglement est proportionnel à la profondeur primitive de la rivière. On doit donc procéder avec d'autant plus de circonspection aux travaux d'endiguement, que la rivière à laquelle on a affaire est sujette à des crues plus élevées. En réduisant la section à moitié, on aurait : $Y = 0{,}60\,H$. Une réduction aussi considérable est fort rare sans doute; cependant la levée de la Loire, sur une partie du cours de ce fleuve, a certainement enlevé aux grandes eaux plus de la moitié de leur lit. On voit par la formule précédente quel surcroît un pareil travail a dû amener dans les crues. Là où on a 7^{m} aujourd'hui, on n'avait probablement autrefois que $4^{m},40$ environ.

Il est rare maintenant, surtout sur les grands fleuves, qu'on rétrécisse le lit des grandes eaux dans une proportion aussi considérable; mais il arrive plus fréquemment qu'autrefois que par l'établissement de travaux publics, canaux, chemins de fer, routes, digues, chemins de halage, etc., etc., on empiète plus ou moins sur leur lit. Un empiétement d'un cinquième seulement (et dans combien de travaux cette proportion n'est-elle pas dépassée?) donne :

dans une rivière qui a 1^{m} de profondeur, un remous de $0^{m}16$
———————— 3^{m} ———————— $0^{m}48$
———————— 7^{m} ———————— $1^{m}12$

On voit quelle énorme influence peut avoir un étranglement de cette nature, et à quels grands désastres il pourrait donner lieu, si le résultat n'en était pas prévu.

On voit aussi, au contraire, que les étranglements ne peuvent relever sensiblement le niveau des basses eaux, qu'autant qu'ils sont très-considérables. Si un étranglement à moitié ne soulève les eaux que de $0,60H$, il s'ensuit qu'en resserrant une rivière qui n'aurait que $0^{m},50$ de tirant d'eau par une digue qui prendrait la moitié de la largeur on n'obtiendrait encore que $0^{m},80$ de profondeur d'eau. Et encore, pour obtenir un pareil résultat, il faudrait que l'endiguement eut lieu sur une très-grande longueur. De plus la formule qu'on vient d'établir suppose, que la section est régulière, que la profondeur et la vitesse sont sensiblement constantes dans toute la largeur. Or il arrive ordinairement que l'étranglement se faisant par les bords où la vitesse et la profondeur sont moindres, le rétrécissement réel n'est pas proportionnel à la largeur.

Supposons que dans la section ACB (fig. 11) de profondeur variable, on construise une digne CD, qui retranche de la section ACB, la partie ACD, de profondeur beaucoup moindre, le remous n'est plus exprimé par la différence H'−H des profondeurs moyennes des sections avant et après l'étranglement, car n'y eut-il pas de remous, H' hauteur moyenne de la partie restante DCB, serait encore beaucoup plus grand que H. Le remous n'est en un mot que la différence entre la profondeur moyenne de la partie DCB avant et après la construction de la digue. Pour tenir compte de cette circonstance, il faut considérer les changements comme s'opérant non pas par l'effet d'un rétrécissement sur la largeur, mais par l'effet d'un changement de volume dans la partie BCB. On a alors en appelant q le volume avant l'étranglement et Q le volume après l'étranglement :

$$i = \beta \frac{q^2}{L^2 H^3} = \beta \frac{Q^2}{L^2 H'^3}$$

d'où $H' = H \sqrt[3]{\frac{Q^2}{q^2}}$, $\quad Y = H' - H = H\left(\sqrt[3]{\frac{Q^2}{q^2}} - 1\right)$

et par approximation, lorsque Y est petit par rapport à H :

$$Y = \frac{H}{3}\left(\frac{Q^2}{q^2} - 1\right)$$

c'est-à-dire que ce n'est ni par la largeur, ni même par la surface que doit se mesurer l'étranglement, mais par les volumes, ce qu'il était d'ailleurs facile de pressentir. Au reste, il ne faut pas perdre de vue que tous ces résultats ne doivent être considérés que comme des approximations plus ou moins exactes, suivant la différence plus ou moins grande qui doit avoir lieu entre les sections, et suivant la régularité de leur profil transversal. S'il s'agissait de canaux parfaitement réguliers, les formules du chapitre premier de ces Études, résoudraient facilement le problême, mais pour des cours d'eau ordinaires à sections irrégulières, il n'y a plus de possibles, dans l'état actuel de la science, que des calculs approximatifs.

80. La formule qui précède, donnant le remous produit par une augmentation de volume, peut servir à déterminer la loi que doit suivre la hauteur des crues, d'après le volume des eaux qu'elles entraînent. Comme on le verra plus tard, ce volume n'est pas un chiffre fixe et déterminé. En dehors des cas prévus et déjà observés, le hasard peut amener, et le temps amènera nécessairement, un concours de circonstances qui produira une crue extraordinaire supérieure à celle dont les populations ont gardé le souvenir. Aussi, lorsqu'on a à se défendre contre les grandes eaux, a-t-on soin d'élever les digues à une certaine hauteur au-dessus des limites connues. Cet excès de hauteur a aussi pour but, nous le savons, de protéger les digues contre l'effet du vent et des vagues qui s'élèvent au-dessus du niveau moyen; mais on ne contestera pas que la considération de se mettre à l'abri de crues plus élevées que celles qui sont observées n'entre pour beaucoup dans la détermination de leur hauteur; et sous ce rapport,

la formule apprend comment cet excès de hauteur doit être fixé. En effet, si au lieu du volume q, on a le volume Q, le surcroît de hauteur, pour des points où la hauteur primitive des grandes eaux était H et H', sera exprimé par :

$$Y = H\left(\sqrt{\frac{Q^2}{q^2}} - 1\right), \quad Y' = H'\left(\sqrt{\frac{Q^2}{q^2}} - 1\right)$$

donc
$$\frac{Y}{Y'} = \frac{H}{H'}.$$

Si la rivière que vous endiguez présente dans son parcours des hauteurs de crue différentes, telles que 5^m, 6^m, 7^m, 8^m, 9^m, et que vous ayez jugé prudent de vous tenir à 0^m50 au-dessus des grandes eaux, là où la rivière à 5^m de hauteur, il faut donner $0^m,60$, $0^m,70$, $0^m,80$, $0^m,90$ dans les autres parties, proportionnellement aux hauteurs primitives de la crue observée. Ou si cet excès de hauteur n'a pas été donné, et qu'une crue survienne, attendez-vous à ce que les points les plus menacés seront ceux où la crue primitive était la plus forte, c'est là qu'il faut préparer et porter vos moyens de défense. Nous pourrions citer des exemples qui confirment pleinement cette théorie, mais il nous semble qu'elle peut s'en passer, le simple raisonnement peut en effet conduire à ce résultat. Si le même volume passe à un point donné avec 5^m de hauteur et un peu plus loin avec 7^m, c'est que dans le premier point la pente, la largeur, les circonstances locales favorisent beaucoup plus l'écoulement que dans le second; si une augmentation de volume survient, les mêmes circonstances agissant donneront évidemment une augmentation dans le même rapport.

81. Avant de passer à l'étranglement ou à l'élargissement brusque, il importe de considérer les effets d'un étranglement ou d'un élargissement graduels, produit soit par le relèvement ou l'approfondissement du lit ou par une altération du parallélisme des rives. C'est ce dernier cas que nous examinerons d'abord.

Considérons trois sections du courant (fig. 26) : 1° la section A située à l'aval de l'étranglement, là où le lit a repris son profil. Dans cette section la hauteur H et la vitesse U sont celles qui conviennent au régime uniforme; 2° la section B, là où a lieu le maximum de l'étranglement, dans laquelle la hauteur H' et la vitesse moyenne U' sont à déterminer; 3° la section C située en amont au point où le canal a repris son profil uniforme, mais dans laquelle le liquide se trouve déplacé et où par conséquent la hauteur H" et la vitesse U" sont aussi à déterminer.

L'équation générale du mouvement varié $d\zeta = \frac{udu}{g} + \varphi ds$ résoudra immédiatement le problème. En effet, en substituant dans cette équation pour $d\zeta$ sa valeur $dy + ids$ et intégrant entre B et A, on aura pour expression de la hauteur du liquide comptée à partir de la surface naturelle :

$$Bb = y' = \frac{U^2 - U'^2}{2g} + \int_0^\lambda (\varphi - i) ds$$

en appelant λ la longueur BA. $U' = U \frac{L}{L'} \frac{H}{H+y'}$, il ne reste donc à déterminer que le dernier terme, qui exprime l'excès de résistance, de A en B, du lit rétréci sur le lit ordinaire. On peut facilement avoir la valeur de cette intégrale en supposant que dans l'étranglement la résistance est toujours exprimée par $\frac{\chi}{\omega}(\alpha u + \beta u^2)$; mais nous avons fait voir que l'effet de l'étranglement était, d'abord de troubler complètement la distribution des vitesses, et ensuite de produire une pénétration des filets fluides (N°s 49 et 50), ce qui amenait une résistance nouvelle; de sorte qu'on ne doit regarder cette hypothèse que comme une approximation dont le calcul rigoureux ne conduirait pas à un résultat plus exact que celui de la formule que nous allons donner.

Nous supposerons que dans l'étranglement le rapport $\frac{\chi}{\omega}$ reste constant et égal par conséquent à ce qu'il est dans la section naturelle $\frac{i}{\beta U^2}$, (nous négligerons, comme nous l'avons déjà fait souvent, le coëfficient α par rapport à β). Enfin nous supposerons que la surface ω d'une section quelconque varie proportionnellement à sa distance aux sections extrêmes ω' et Ω, de manière qu'on a :

$$\omega = \omega' + \frac{\Omega - \omega'}{\lambda} s,$$

on a de même pour la vitesse moyenne d'une section quelconque : $u = U \frac{\Omega}{\omega}$. En faisant ces substitutions dans l'expression de la résistance, il vient :

$$\varphi = \frac{\chi}{\omega}\beta u^2 = \frac{i}{\beta U^2}\beta U^2 \frac{\Omega^2}{\left(\omega' + \frac{\Omega - \omega'}{\lambda} s\right)^2} = i \frac{\Omega^2}{\left(\omega' + \frac{\Omega - \omega'}{\lambda} s\right)^2}$$

mettant cette valeur de φ dans l'expression : $\int^{\lambda} (\varphi - i)\, ds$

et intégrant, on aura :

$$y' = \frac{U^2 - U'^2}{2g} + i\lambda\left(\frac{\Omega}{\omega'} - 1\right) \qquad (1)$$

ou en mettant pour U'^2 sa valeur : $U^2 \frac{\Omega^2}{\omega'^2} = \frac{Hi}{\beta} \frac{\Omega^2}{\omega'^2}$

$$y' = i\left(\frac{\Omega}{\omega'} - 1\right)\left\{\lambda - \frac{H}{2g\beta}\left(1 + \frac{\Omega}{\omega'}\right)\right\} = i\left(\frac{\Omega}{\omega'} - 1\right)\left\{\lambda - 140\,H\left(1 + \frac{\Omega}{\omega'}\right)\right\} \quad (2)$$

ou

$$y' = i\left(\frac{LH}{L'(H+y')} - 1\right)\left\{\lambda - 140\,H\left(1 + \frac{LH}{L'(H+y')}\right)\right\} \quad (*) \; (3)$$

Sous cette forme il est très-facile de reconnaître les circonstances qui influent sur le signe et la grandeur de y': en effet, tant que λ est plus petit que $140\,H\left(1 + \frac{\Omega}{\omega'}\right)$, y' est négatif; c'est-à-dire qu'il y a dépression en B, et cette dépression est d'autant plus considérable pour un étranglement donné, que la hauteur H du régime uniforme est plus grande, et que la pente du cours d'eau est plus forte. Lorsqu'on a $\lambda = 140\,H\left(1 + \frac{\Omega}{\omega'}\right)$, il n'y a dans l'étranglement ni exhaussement, ni dépression. Enfin quand $\lambda > 140\,H\left(1 + \frac{\Omega}{\omega'}\right)$, il y a un relèvement. Cette

(*) Pour avoir l'équation de la courbe dans l'étranglement, il suffirait de remplacer dans l'équation (3) y' par y, λ par s, et L' par $L - \frac{L-L'}{\lambda}s$; mais dans la pratique il suffira presque toujours d'avoir l'ordonnée y' qui correspond au maximum de l'étranglement.

discussion fait voir que, suivant qu'un étranglement est plus ou moins long, suivant que la hauteur des eaux est plus ou moins grande, suivant que l'étranglement est plus ou moins prononcé, il y a abaissement ou relèvement de la surface naturelle.

Supposons un cours d'eau avec un étranglement graduel qui en réduit la largeur à moitié, et voyons les effets de cet étranglement pour deux états différents de ce cours d'eau. Soient : $H=1^m$ pour les eaux basses, $H=5^m$ pour les grandes eaux, et $i=0,0003$, la formule se réduit alors à :

$$y'=0,0003\left(\frac{2H}{H+y'}-1\right)\left\{\lambda-140\,H\left(1+\frac{2H}{H+y'}\right)\right\}$$

et on trouve par tâtonnement les valeurs suivantes de y' :

			$H=1^m$	$H=5^m$
Pour un étranglement de	100^m	de longueur.	$-0^m,15$	$-1^m,18$
———	200^m	———	$-0^m,09$	$-1^m,03$
———	420^m	———	$0^m,00$	$-0^m,81$
———	$1,000^m$	———	$0^m,14$	$-0^m,45$
———	$2,100^m$	———	$0^m,29$	$0^m,00$
———	$3,000^m$	———	$0^m,36$	$0^m,26$
———	$4,000^m$	———	$0^m,43$	$0^m,50$

Ainsi, en grandes eaux comme en basses eaux, il y a pour un étranglement court, dépression d'autant plus forte que les eaux sont plus grandes, à mesure que l'étranglement s'allonge la dépression diminue et devient nulle beaucoup plus promptement pour les basses eaux que pour les grandes eaux; de manière que pour certaines longueurs intermédiaires d'étranglement, il y a relèvement en basses eaux et abaissement en grandes eaux; et enfin à partir d'une certaine longueur d'étranglement, il y a relèvement pour les deux cas. Ce relèvement d'abord plus fort pour les basses eaux que pour les grandes, l'est ensuite plus pour ces dernières et se trouve limité au-dessous de $\left(\frac{L}{L'}-1\right)H$, quantité qui se réduit à H dans l'exemple numérique précédent. Ces résultats et d'autres analogues, dont nous nous occuperons tout à l'heure, sont très-importants sous le rapport pratique.

Appelons y'' la hauteur cc' qui est le remous apparent, nous aurons en répétant, le calcul fait plus haut :

$$y''=\frac{U'^2-U''^2}{2g}+\int_0^{\lambda'}(\varphi-i)ds=\frac{U'^2-U''^2}{2g}+i\lambda'\left(\frac{\Omega^2}{\omega'\omega''}-1\right)$$

la valeur de y'' est toujours positive puisque U' est plus grand que U''. En appelant Y la hauteur Cc, qui est le remous réel occasionné en C par l'étranglement, on aura de même :

$$Y=\frac{U^2-U''^2}{2g}+i\left\{\lambda\left(\frac{\Omega}{\omega'}-1\right)+\lambda'\left(\frac{\Omega^2}{\omega'\omega''}-1\right)\right\}$$

équation qu'on peut obtenir en faisant la somme des valeurs de y' et de y''.

Quoique le second terme contienne des quantités qui dépendent de Y, cependant il est facile de déterminer cette hauteur par tâtonnement. Pour première approximation, on peut supposer que les vitesses en C et en A sont sensiblement égales, et on obtient :

$$Y'=i(\lambda+\lambda')\left(\frac{\Omega}{\omega'}-1\right) \qquad (4)$$

De cette équation il serait facile de déduire des valeurs très-approchées de U'' et de ω'' qui, mises dans l'expression de Y, en donneraient une valeur plus exacte, que celle déduite de l'expression de Y'. Mais cette dernière suffit pour signaler les caractères généraux de l'étranglement sur lesquels nous voulons surtout insister.

On voit d'abord que cette valeur de Y' toujours positive, puisqu'elle représente l'excès de force retardatrice du lit étranglé sur le lit naturel ne dépend que d'une manière très-secondaire de la hauteur H des eaux. En effet, si l'abaissement ou le relèvement qui a lieu en B n'est pas tel qu'il modifie sensiblement le rapport $\frac{\Omega}{\omega'}$, la valeur de Y ne changera pas quelle que soit la hauteur H. On peut d'ailleurs la mettre sous la forme :

$$Y = i(\lambda + \lambda')\left(\frac{L}{L'}\frac{H}{H+y'} - 1\right)$$

$$Y = i(\lambda + \lambda')\left\{\left(\frac{L}{L'} - 1\right) - \frac{L}{L'}\left(\frac{y'}{H} - \frac{y'^2}{H^2} + \frac{y'^3}{H^3}\dots\right)\right\}$$

qui met en évidence cette propriété. Ainsi dans l'exemple numérique considéré plus haut, on aurait pour un étranglement de $\lambda = \lambda' = 100^m$, $Y = 0^m,078$ en basses eaux, $Y = 0^m,09$ en hautes eaux. Pour un étranglement de $\lambda = \lambda' = 1000^m$, on aurait $Y = 0^m,44$ en basses eaux, $Y = 0^m,72$ en grandes eaux. Il va sans dire qu'on suppose que la forme du lit est telle, que l'étranglement conserve le même rapport dans les deux situations du cours d'eau. Car il arrive souvent que des digues qui resserrent le lit des grandes eaux, n'altèrent en rien le lit des eaux basses et même des eaux moyennes. Alors le remous Y qui a lieu en grandes eaux disparaît, lorsque ces eaux baissent.

82. Les formules précédentes s'appliquent au cas de l'élargissement graduel (fig. 27), il suffit de donner à ω' et à Ω les valeurs spéciales qui conviennent à ce cas. Par le fait de cette substitution les valeurs de y' et de Y changent en général de signe et s'atténuent, c'est-à-dire que dans le court élargissement, on a un soulèvement y' moins fort que l'abaissement donné par le court étranglement. En tête de l'élargissement long ou court il y a toujours abaissement. Un exemple numérique fera de suite comprendre l'influence de la longueur de l'élargissement sur la hauteur des remous.

Nous aurons, en effet, sur le cours d'eau dont la pente est 0,0003 et en admettant pour $\frac{L}{L'}$ le rapport $\frac{1}{2}$:

$$y' = i\left(\frac{H}{2(H+y')} - 1\right)\left\{\lambda - 140\,H\left(1 + \frac{H}{2(H+y')}\right)\right\}$$

les longueurs λ qui rendent y nul sont moitié de ce qu'elles étaient dans l'étranglement; on a pour $H = 1^m$ $\lambda = 210^m$ pour $H = 5^m$ $\lambda = 1050^m$: (Voir page 150)

			$H=1^m$	$H=5^m$
On aura pour un élargissement de	100^m	$y' =$	$0^m,02$	$0^m,15$
———	210	—	$0^m,00$	$0^m,13$
———	400	—	$-0^m,03$	$0^m,10$
———	1,050	—	$-0^m,11$	$0^m,00$
———	2,000	—	$-0^m,20$	$-0^m,15$
———	3,000	—	$-0^m,27$	$-0^m,27$
———	4,000	—	$-0^m,31$	$-0^m,41$

Les exhaussements et les abaissements sont beaucoup plus faibles, et dans un ordre inverse, que dans le cas de l'étranglement précédent. Il en est de même des valeurs de Y. Un étranglement de 200^m de longueur occasionnait, dans le cours d'eau qui sert d'exemple, un remous de 0^m,078 en basses eaux, et de 0^m,09 en hautes eaux; l'élargissement dans les mêmes circonstances n'amène un abaissement que de 0^m,03; cet abaissement ne serait que de 0^m,29 pour un élargissement graduel de $\lambda = \lambda' = 1000^m$. La dépression en basses eaux ne diffère pas sensiblement de ce qu'elle est en hautes eaux.

83. Si l'étranglement ou l'élargissement de la section a lieu par un soulèvement ou un abaissement du fond, on peut établir les valeurs de y' et de Y, c'est-à-dire la hauteur de l'eau en B et en C (fig. 28 et 29), par des considérations et des calculs entièrement semblables. On a toujours:

$$Bb = y' = \frac{U^2 - U'^2}{2g} + \int_0^\lambda (\varphi - i)\,ds$$

la valeur de φ, en remarquant que la quantité χ est constante, peut se mettre sous la forme:

$$f = \frac{\chi}{\omega}\beta u^2 = \frac{\chi}{\Omega}\beta U^2 \frac{\Omega^3}{\left(\omega' + \frac{\Omega - \omega'}{\lambda}s\right)^3} = i\frac{\Omega^3}{\left(\omega' + \frac{\Omega - \omega'}{\lambda}s\right)^3}$$

en faisant les mêmes transformations que dans le cas de l'étranglement latéral (N° 81), on trouvera :

$$y' = i\left\{\lambda\left(\frac{\Omega}{\omega'}\,\frac{\Omega + \omega'}{2\omega'} - 1\right) - 140\,H\left(\frac{\Omega^2}{\omega'} - 1\right)\right\}$$

On aurait de même pour valeur approchée de Y :

$$Y = i(\lambda + \lambda')\left(\frac{\Omega}{\omega'}\,\frac{\Omega + \omega'}{2\omega'} - 1\right)$$

Dans le cas où le soulèvement ou l'abaissement du fond est peu considérable, $\frac{\Omega + \omega'}{2\omega'}$ diffère peu de 1. Alors les valeurs de y' et de Y deviennent entièrement semblables à celles qui sont relatives à l'élargissement et à l'étranglement latéral, et on peut en conclure que les effets du soulèvement ou de l'abaissement du fond sont les mêmes que ceux d'un étranglement ou d'un abaissement latéral. Ainsi quand sur une petite étendue le fond s'abaisse, la surface de l'eau se relève vis-à-vis le maximum de hauteur, quand le fond se relève, la surface s'abaisse. En général pour de courtes inflexions du plafond du canal les inflexions de la surface de l'eau sont en sens inverse.

Nous insistons sur ces conséquences immédiates et directes du mouvement varié, parce qu'elles sont précisément contraires à ce qu'on trouve sur ce sujet dans les traités d'hydraulique.

Citons celui de M. Daubuisson, *page 167*.

» Par exemple, qu'un banc étroit et épais soit déposé
» transversalement ou en écharpe sur le lit d'un fleuve, le
» fluide le franchira en vertu de sa vitesse acquise; à la
» rencontre du banc sa surface *se relèvera* considérable-
» ment, et de suite après, *elle redescendra;* de sorte que
» dans cette partie elle présentera *un exhaussement* pareil
» à une forte ondulation. Mais *son élévation* au-dessus du
» plan général du lit du fleuve sera plus petite que celle
» du banc au-dessus du plan général du fond; habi-

» tuellement l'inégalité à la surface sera d'autant plus pe-
» tite comparativement à celle du fond, que l'on aura plus
» de vitesse et plus de profondeur. »

Dans cette citation toutes les influences du fond sont prises à contre sens, au lieu de dire : *à la rencontre du banc, la surface de l'eau se relèvera considérablement et puis après descendra,* il aurait fallu dire : la surface de l'eau *s'abaissera* considérablement et puis après elle se *relèvera*, ainsi de suite. L'influence de la vitesse n'est pas mieux appréciée.

L'application numérique des formules précédentes ne présente d'ailleurs aucune difficulté. Si on suppose $\frac{\Omega}{\omega}=2$, elles deviendront :

$$y'=2i(\lambda-210\mathrm{H}),\quad \mathrm{Y}=2i(\lambda+\lambda')$$

soit $\lambda=100^{\mathrm{m}}$, $\mathrm{H}=5^{\mathrm{m}}$, $i=0,0003$, nous aurons, $y'=-0,57$. Ainsi dans le cas de la figure 29, un attérissement de la forme $\mathrm{A}'b'c'$ ayant en b' une saillie sur le fond de $1^{\mathrm{m}},93$ ferait baisser la surface de l'eau de $0^{\mathrm{m}},57$, s'il avait 100^{m} de longueur. Mais en C il y aurait un remous de $0^{\mathrm{m}},12$ pour $\lambda'=\lambda$. Si la longueur $\mathrm{A}'b'$ était de 1050^{m}, y' serait nul, pour $\mathrm{B}'b'=2^{\mathrm{m}},50$, et le remous Y serait égal à $1^{\mathrm{m}},26$. Si la saillie $\mathrm{B}'b'$ était donnée, on résoudrait les équations précédentes par tâtonnement en substituant au rapport $\frac{\Omega}{\omega}$, le rapport $\frac{\mathrm{H}}{\mathrm{H}-\mathrm{B}'b'-y'}$.

84. Dans les cours d'eau naturels, les étranglements peuvent être à la fois latéraux et de fond, il peut y avoir élargissement latéral et étranglement de fond; quelles que soient les circonstances particulières qui se présenteront,

la question se résoudra toujours facilement par les équations générales :

$$Bb = y' = \frac{U^2 - U'^2}{2g} + \int_0^{\lambda} (\varphi - i)\,ds$$

$$Y = \frac{U^2 - U''^2}{2g} + \int_0^{\lambda+\lambda'} (\varphi - i)\,ds \qquad (*)$$

Il suffira de mettre dans les valeurs de y' et de Y celles de U′ et de U″, et si l'étendue sur laquelle le cours de la rivière est modifié n'est pas très-grande, on pourra prendre pour φ la résistance calculée dans une section moyenne. Quant aux valeurs de U′ et de U″, vitesses en B et en C, on les calculera d'abord sans avoir égard à la dénivellation de la surface, ce qui donnera une première valeur de y' et de Y, à l'aide de laquelle on pourra les calculer de nouveau.

Ce que nous venons de dire sur les étranglements et élargissements graduels, peut se résumer ainsi : si ces étranglements et élargissements ne sont pas d'une grande étendue, ils produisent dans l'endroit où l'étranglement est au maximum un abaissement de la surface naturelle et au contraire un exhaussement dans le cas d'un élargissement. Mais en tête de l'étranglement il y a toujours un exhausse-

(*) Dans le cas où le remous Y est petit par rapport à la hauteur H du cours d'eau, cette valeur de Y peut se mettre sous la forme $Y = \dfrac{\int_0^{\lambda+\lambda'} (\varphi - i)\,ds}{1 \pm \dfrac{U^2}{gH}}$; le signe + correspondant à la dépression et le signe — au gonflement.

ment de la surface naturelle ou remous, et en tête de l'élargissement une dépression. Ce remous dans l'étranglement est l'excès de hauteur nécessaire pour vaincre l'excès des forces retardatrices qui a lieu dans la longueur de l'étranglement, et dans l'élargissement, l'abaissement de la surface correspond à la diminution des forces retardatrices dans la longueur de l'élargissement.

Les formules que nous venons de donner nous paraissent résoudre d'une manière complète, et aussi exacte que le comporte la nature de la question, le problême de la détermination de la surface de l'eau coulant dans un canal irrégulier, lorsqu'on fait abstraction des forces retardatrices qui se développent dans les changements de section. Cependant nous croyons devoir nous arrêter encore sur un cas particulier qui théoriquement se trouve résolu par les formules précédentes, mais qui se présente souvent sur les cours d'eau naturels et produit dans la surface de l'eau des changements de hauteur auxquels on ne s'attend pas généralement, nous voulons parler des étranglements et élargissements par digues parallèles de longueur limitée.

85. Supposons que la hauteur d'un cours d'eau en eaux basses soit de $1^m,00$ (fig. 30), que pour en relever le niveau on établisse sur une certaine étendue deux digues parallèles qui en réduisent la largeur à moitié et cherchons à déterminer la hauteur de l'eau dans la partie étranglée.

Si l'étranglement était d'une longueur indéfinie, l'eau s'y élèverait à $1^m,60$, ainsi que nous l'avons calculé plus haut. Traçons dans le nivellement cette ligne *mn* qui sera la limite supérieure de l'exhaussement de la surface de l'eau. Le fluide ayant dans la partie large en aval une vitesse U, et dans la partie étranglée en amont une vitesse U', la différence de niveau $Dd = \xi$ des deux surfaces sera exprimée par la valeur de y' donnée par les équations (1) (3) du N° 81, dans lesquelles on fera $\lambda = 0$. Ainsi on aura :

$$\xi = \frac{U^2 - U'^2}{2g} = \frac{U^2}{2g}\left(1 - \frac{\Omega^2}{\omega'^2}\right) = \frac{U^2}{2g}\left(1 - \frac{L^2H^2}{L'^2(H+\xi)^2}\right) \quad (1)$$

U' étant plus grand que U, il est clair que la valeur de ξ est négative. Si on pose $U = 0^m,87$, $\frac{L}{L'} = 2$, on trouvera par tâtonnement que $\xi = -0^m,20$ satisfait à la question. Ainsi de D, fin de l'étranglement, à A, commencement de l'élargissement, aura lieu un ressaut de $0^m,20$. L'eau sera plus basse dans la partie étranglée que dans la partie large.

L'équation en ξ étant du troisième degré a deux autres racines qui satisfont à l'équation (1), $\xi = -0^m,43$, $\xi = -1^m,33$. Ainsi l'eau peut prendre dans le canal étranglé une seconde position d'équilibre $d'c'$, telle que $Dd' = 0,43$. M. Vauthier, dont le corps des Ponts et Chaussées déplore la perte récente, a fait connaître peu de temps avant sa mort, une série d'expériences fort curieuses (*), dans lesquelles il a réalisé ces deux positions d'équilibre qui peuvent se produire dans tous les changements de largeur, et il a fait observer avec raison que de ces deux positions, la position supérieure était seule stable, c'est la seule qui puisse se rencontrer dans les canaux naturels. Nous ne nous occuperons donc pas de la

(*) Indication sommaire des résultats d'expériences faites à Roanne pour l'étude de quelques conséquences du mouvement permanent (*Notice lithographiée*).

seconde. Quant à la troisième valeur, $\xi = -1^m,34$, qui indique que l'eau descendrait au-dessous du plafond du canal, il est évident qu'elle ne peut se produire. C'est une solution purement analytique. Cependant c'est la seule que donne la formule pour certaines valeurs de la vitesse et du rapport des largeurs. En effet, si le canal supérieur est tellement étroit et la vitesse de l'eau tellement considérable, que 1^m de ressaut ne puisse suffire pour la faire descendre à la vitesse U, il y aura nécessairement de D en A une forte dépression avec chocs, tourbillons, etc., etc., qui feront perdre à l'eau toute la force vive qui ne lui sera pas enlevée par le ressaut. Il sera alors impossible d'en calculer la hauteur, par les procédés d'analyse que nous venons d'indiquer, et qui supposent que dans le passage de l'étranglement à l'élargissement il ne se développe aucune force retardatrice. Il ne faut donc appliquer les résultats de ces formules qu'aux cas où les variations de section sont renfermées dans certaines limites que le calcul indique lui-même et qui sont au reste celles que présentent ordinairement les cours d'eau naturels.

Passons maintenant à la détermination de la surface de l'eau dans le canal étranglé en amont de *d*. Ce point de la surface étant à $0^m,20$ au-dessous de A se trouve à $0^m,80$ au-dessous de *m*. Il s'agit donc de déterminer la courbe de dépression en amont d'une ordonnée connue, problême que nous avons résolu dans le chapitre précédent (N° 74). Si le canal est assez large pour qu'on puisse négliger la résistance des bords, on peut se servir de la table qui se trouve à la fin de cet ouvrage. Pour trouver, par exemple, la distance D*p* du point où la nouvelle surface coupe la surface primitive, on cherchera dans la table du remous de dépression :

La distance à l'origine de l'ordonnée

$\frac{md}{1,60} = \frac{0,80}{1,60} = 0,50$. 1,0037

et on en retranchera la distance à l'origine de

l'ordonnée $\frac{qp}{1,60} = \frac{0,60}{1,60} = 0,375$. 0,9759

La différence. 0,0278

exprimera la quantité $\frac{is}{1,60}$, et on en déduira, en mettant pour $i = 0,0003$, valeur qui correspond aux données du problême, $s = Dp = 148^m$.

Si donc les levées d'étranglement n'avaient que cette longueur, elles ne produiraient dans toute leur étendue qu'un abaissement, résultat probablement contraire à celui qu'on aurait espéré en les construisant. Si elles sont plus longues, elles donneront une augmentation de hauteur de plus en plus considérable, mais qui ne pourra pas dépasser 0^m60. Si on leur suppose une longueur de 1300^m par exemple, on trouvera qu'en amont du canal d'étranglement, l'eau est encore à $0^m,20$ (*) de la ligne *mn* du régime uniforme de ce canal; de sorte que la hauteur sur le plafond $C\gamma$ n'est que de $1^m,40$.

Si en amont de C le canal reprend sa largeur, l'eau se

(*) Il suffit de retrancher de la distance tabulaire de l'ordonnée *md*. 1,0037

la distance tabulaire entre les ordonnées, $\frac{is}{H} = \frac{0,0003 \times 1300}{1,60}$ 0,2437

Pour avoir la distance à l'origine de l'ordonnée cherchée. 0,7600

qui correspond à l'ordonnée tabulaire 0,125, et donne enfin $y = 0,125 \times 1,60 = 0^m,20$.

relèvera d'une quantité ξ qui sera donnée par la formule (1), dans laquelle on remplacera U par $\frac{2U}{1,40}$, H par $1^m,40$, $\frac{L}{L'}$ par $\frac{1}{2}$. On trouvera ainsi $\xi = 0^m,06$, c'est-à-dire, qu'en B, extrémité inférieure du canal large, l'eau se trouvera élevée d'une quantité $Bb = 0^m,46$, au-dessus de la hauteur du régime uniforme de ce canal. Vers l'amont la surface de l'eau se rapproche de la surface naturelle suivant la courbe du remous de gonflement *bg*.

Voyons maintenant quelles modifications apportera dans cette série de dénivellations de la surface, une augmentation de la hauteur de l'eau. Si dans l'équation (1) on remplace U^2 par $\frac{Hi}{\beta}$, elle pourra se mettre sous la forme :

$$\xi = HF\left(i, \frac{L^2}{L'^2}\right)$$

donc ξ croît proportionnellement à H. Pour $H = 1^m$, nous avions $\xi = -0^m,20$; pour $H = 3^m$, nous aurons $\xi = -0^m,60$. Ainsi, dans cette hypothèse, le ressaut $D'd''$ serait de $0^m,60$. De même, la propriété de la courbe de remous, $s = F\left(\frac{Y}{H}\right)$, nous conduira à conclure que $D'p' = 3Dp = 444^m$. Un calcul semblable à celui que nous avons fait pour les eaux basses donnera $n'c'' = 1^m,26$ (*) et par conséquent $C'c'' = 0^m,54$,

(*) Retrancher de la distance tabulaire de l'ordonnée d'aval. 1,0037

la distance tabulaire entre les ordonnées, $\frac{is}{H} = \frac{0,0003 \times 1300}{4,8}$ 0,0812

On a la distance à l'origine de l'ordonnée cherchée. . 0,9225

à laquelle correspond dans la table 0,262, d'où $y = 0,262 \times 4,80 = 1^m,26$.

$c''\gamma = 3^m,54$. Ici il n'y a plus de proportion, parce que la longueur 1300^m des deux canaux est la même en basses eaux qu'en grandes eaux.

Quant à la chute qui aura lieu de b' en c'', elle se déterminera, comme nous l'avons fait en basses eaux, au moyen des vitesses d'amont et d'aval. Ainsi la vitesse U au point A', correspondant à la pente $i = 0,0003$ et $H = 3^m$, étant $1^m,54$, on en déduira qu'en c'' elle est de :

$$\frac{2 \times 3}{3,54}\, 1,54 = 2^m,61$$

mettant cette valeur de U dans l'équation (1) et faisant $H = 3^m,54$, on en tire $\xi = 0^m,27$. Le ressaut a crû ici dans une plus grande proportion que la hauteur des eaux. Cela tient à ce que le canal étroit n'est pas assez long pour que la hauteur sur le plafond y atteigne celle du régime uniforme. On peut donc dire que dans les crues les dénivellations qui se produisent aux changements de section sont au moins proportionnelles à la hauteur des crues, pourvu toutefois que le rapport des largeurs des sections consécutives ne varie pas avec cette hauteur.

Cet exemple fait voir combien il est important de se rendre compte de l'influence de la largeur du lit sur la hauteur de l'eau. Nous avons déjà fait remarquer tout à l'heure qu'en basses eaux l'étranglement court pouvait ne produire qu'un abaissement dans toute son étendue. Supposons maintenant que la partie ADC du canal étranglé représente le passage d'une ville à travers laquelle coule la rivière entre des quais trop resserrés. Si pour débarrasser du danger des crues les terrains précieux qui se trouvent de P en A, si pour diminuer la vitesse de l'eau qui gêne la navigation, si pour des besoins quelconques, on ouvre de nouveaux bras qui donnent à la rivière la section qu'elle a en rase campagne, le résultat d'un semblable travail sera de soulever les grandes eaux de $0^m,60$ en D, précisément peut-être dans le point où on aura voulu les faire baisser. Nous n'avons pas besoin de dire à quels désastres un pareil résultat pourrait exposer les terrains endigués s'il n'avait pas été prévu. On n'oubliera pas que, dans cet exemple numérique, nous nous sommes tenu pour la hauteur des crues dans une limite qui est dépassée par presque tous les grands cours d'eau, que par conséquent on doit rencontrer souvent des résultats beaucoup plus prononcés que ceux que présente la figure 30. C'est ce qu'on reconnaîtra d'ailleurs par l'exemple suivant.

86. Un élargissement partiel de la section d'un canal donne des résultats qui se détermineront de la même manière et par la même formule. Nous avons déjà fait ce calcul pour obtenir la chute de B en C dans la figure 30. Nous croyons donc inutile de le répéter ici. Nous nous bornerons à faire voir sur un exemple, que ces dénivellations peuvent atteindre des hauteurs considérables.

Supposons qu'un cours d'eau, dont le plan est représenté par la fig. 31, ait été endigué par des levées BCDA et LM qui en ont régularisé la section, autrefois divisée en deux bras dans cette partie. Le nivellement des eaux pendant une crue sera alors représenté par une ligne droite BA. Supposons maintenant que la levée BCDA vienne à être emportée et que le cours d'eau prenne dans cette partie sa largeur primitive, et voyons quel sera dans le nivellement l'effet de ce changement de section. Soit U vitesse dans le canal endigué $=5^m$, U′ vitesse dans la section élargie $=2^m,50$, nous aurons :

$$\xi=\frac{U^2-U'^2}{2g}=\frac{25-6,25}{19,80}=1^m.$$

Ainsi, par l'effet de la rupture de la digue de la rive gauche, le niveau de l'eau va se relever de 1^m en D. En amont, cette hauteur ira décroissant suivant la courbe de remous de gonflement *dc*, dont on calculerait les ordonnées au moyen de la table, en les rapportant à la ligne *mn* du régime uniforme de l'eau dans la partie élargie. En *c* on aurait un ressaut à peu près de même hauteur, et en amont de B, une courbe de remous de dépression.

Dans le cas de la fig. 31, la rupture de la digue ne produit donc qu'un relèvement dans le canal élargi, mais la longueur de ce canal peut être telle que vers l'amont il y ait abaissement. C'est ce que le calcul indiquera toujours d'une manière facile. Cet abaissement est d'ailleurs limité à la hauteur de la ligne *mn*. Quoi qu'il en soit, il y a toujours un relèvement à l'aval qui peut avoir les conséquences les plus funestes, car les eaux atteindront des propriétés qui étaient à l'abri avant l'endiguement et qui par conséquent n'ont pas été construites en vue de pareils désastres. La digue de la rive droite LM, peut être emportée aussi et le résultat de cette destruction serait encore un léger exhaussement dans le niveau de la crue. Car si la vitesse $2^m,50$ est réduite à $1^m,50$, le relèvement sera porté de 1^m à $1^m,15$. Ce relèvement est d'ailleurs évidemment limité à $1^m,26$, hauteur correspondant à la vitesse 5^m. On doit remarquer que la vitesse joue ici le rôle principal. Ainsi, dans un cours d'eau dont la vitesse ne dépasserait jamais 3^m, des circonstances semblables à celles que nous venons de représenter ne pourraient donner lieu à un relèvement de plus de $0^m,45$. Si la vitesse atteignait 8^m, le relèvement pourrait, au contraire, dépasser 3^m. La vitesse, qui dans les cours d'eau est un effet de la chute, peut être à son tour cause d'un relèvement égal.

87. Des approfondissements ou des relèvements partiels du fond du canal donneraient des résultats semblables et qui se calculeraient de la même manière. Nous ne nous sommes arrêté sur ces exemples numériques, qui sous le rapport du calcul ne présentent aucune espèce de difficulté, que pour faire voir que de la formule du mouvement varié découlent une foule de conséquences d'une importance extrême pour la pratique, conséquences pour la plupart en contradiction complète avec les idées reçues sur ce sujet. Aussi que d'erreurs commises dans les questions de cette nature! Combien de digues construites qui ont fait baisser les eaux là où on voulait les relever, que d'endiguements exécutés de manière à inonder le pays qu'on voulait protéger! Que d'opinions erronées émises sur la hauteur des grandes eaux et sur les moyens de s'en préserver!

A l'aide des formules précédentes, il sera toujours facile de tracer dans un canal dont la section sera donnée la hauteur de l'eau en amont ou en aval d'un point déterminé; à chaque changement de section, la formule $\xi = \frac{U^2 - U'^2}{2g}$ donne la différence de niveau qui les sépare. Si, ensuite, sur une certaine étendue, le canal conserve sa section, on a, ou une courbe de remous de gonflement ou une courbe de dépression, suivant qu'on se trouve au-dessus ou au dessous de la hauteur du régime uniforme dans cette section; si la section change d'une manière graduelle, des formules spéciales donnent pour ce cas le relèvement ou l'abaissement qui en résulte dans la surface de l'eau.

88. Tous ces calculs reposent sur cette hypothèse, que le changement de section du canal n'introduit aucune nouvelle force retardatrice. Nous avons déjà vu qu'il n'en pouvait être ainsi. D'un changement de section, même graduel, résulte toujours une pénétration ou une division de filets fluides qui amène nécessairement de nouvelles résistances; mais les changements de section ont lieu souvent d'une manière brusque qui modifie tout-à-coup la vitesse de certains filets, la section du fluide se partage en deux parties dont l'une est stagnante ou tourbillonne sur elle-même, et dont l'autre prend seule part au mouvement de translation. De là des forces retardatrices complètement différentes de celles que nous avons considérées jusqu'à présent. La question de savoir quel sera le remous occasionné par un étranglement brusque, se présente dans une foule de travaux hydrauliques et principalement dans les ponts: aussi a-t-elle fait l'objet des recherches de plusieurs Ingénieurs qui ont été unanimes pour donner la même formule quoiqu'elle soit complètement et radicalement fausse. Elle a été trop généralement employée pour que nous ne nous arrêtions pas un instant pour signaler la singulière méprise qui a été commise à ce sujet.

89. Voici comment Gauthey (*Construction des Ponts, page 191, tome Ier*), pose le problême : « Étant données » la section du lit d'une rivière et la vitesse de l'eau, dé- » terminer la nouvelle vitesse que prendront ses eaux et la

» hauteur du remous qui se formera, en supposant que le » lit se trouve resserré par la construction des piles et des » culées d'un pont.

» Ce problème n'est point susceptible d'être résolu rigou- » reusement; mais nous allons en négligeant quelques cir- » constances dont les effets sont peu sensibles, et se com- » pensent même en grande partie, en donner, d'après » Dubuat, une solution qui peut être utilement employée » dans la pratique. »

M. Gauthey divise le remous total en deux parties représentées dans la fig. 32 par IK et IE. La partie IK qui correspond à l'augmentation de la vitesse a pour expression :

$$IK = \frac{U'^2 - U^2}{2g} = \frac{U^2}{2g}\left(\frac{\Omega^2}{\omega'^2} - 1\right) \qquad (1)$$

Quant à la partie IE, M. Gauthey fait remarquer que les pentes des cours d'eau sont proportionnelles aux carrés des vitesses; on a, en aval du pont : $HI = \beta U^2$; sous la largeur $AB = s$ du pont, on aura : $Hi' = \beta U'^2$, on a donc :

$$IE = (i' - i)s = Is\left(\frac{\Omega^2}{\omega'^2} - 1\right)$$

et en résumé :

$$IK + IE = Y = \left(\frac{U^2}{2g} + is\right)\left(\frac{\Omega^2}{\omega'^2} - 1\right) \qquad (1)$$

La quantité is est toujours fort petite par rapport à $\frac{U^2}{2g}$; on remarquera, en effet, que c'est en grandes eaux qu'on calcule le remous, que, par conséquent, en supposant seulement, $U = 2^m$, $\frac{U^2}{2g} = 0^m,20$; la pente i n'est dans les cours d'eau naturels qu'une fraction de millimètre, *is* ne sera donc, pour un pont d'une largeur de 10 à 12^m, qu'une fraction de centimètre tout-à-fait négligeable dans une question semblable. On peut donc se dispenser de conserver le terme *is* de la formule précédente (*); c'est ce qu'ont fait tous les auteurs qui ont traité la question depuis Gauthey. (*Voir Daubuisson, traité d'Hydraulique, page 204; voir Navier, leçons d'Hydraulique, page 16.*)

90. M. de Prony a fait dans les Annales des Ponts et Chaussées (*1835, 1er semestre, page 237*), une application de cette formule.

« J'ai eu occasion, dit-il, de m'occuper des remous pro-
» duits par des piles de pont, dans une note remise au
» mois de septembre dernier à M. le Secrétaire du conseil
» général des Ponts et Chaussées, à propos des projets
» présentés pour le pont de Pertuis, sur la Durance.
» MM. les Ingénieurs, auteurs du projet, ont calculé le re-
» mous, en employant une formule tirée du cours de mé-
» canique, professé par M. Navier, à l'Ecole des Ponts et
» Chaussées, j'ai vérifié leurs calculs en rectifiant quelques
» interprétations inexactes, et j'ai trouvé une hauteur de
» remous un peu plus faible que la leur, c'est-à-dire,
» 1^m,82 au lieu de 1^m,92. »

La formule de M. Navier, dont parle M. de Prony, n'est, comme celle de M. Daubuisson, que la valeur de IK, cal-

(*) Il est vrai que Gauthey, dans son calcul, a supposé que sous le pont, le contour mouillé était le même qu'en amont, et qu'en réalité la résistance due à la paroi serait sensiblement augmentée pour certains ponts, si on avait égard à cette considération, mais le terme *is* resterait toujours très-faible par rapport à $\frac{U^2}{2g}$

culée par M. Gauthey, dans laquelle on remplace, comme nous l'avons fait pour l'équation (1) (N° 86), U, Ω, ω' par leurs valeurs en fonction de la hauteur H et des deux largeurs L et L' du courant.

Nous ne reproduirons pas ici les données numériques du pont de Pertuis, fournies par M. de Prony, parce qu'elles nous paraissent incomplètes, en ce qu'elles ne contiennent pas la largeur de la rivière avant l'étranglement, ou du moins la largeur qui résulte des données n'est pas d'accord avec le calcul. Nous n'avons d'ailleurs cité cet exemple numérique, que pour faire voir que la formule de Gauthey était généralement suivie. Car la formule que M. de Prony propose de lui substituer, dans l'article cité, n'est pas une formule nouvelle; mais une simple transformation destinée à éviter les tâtonnements qu'exige l'équation du troisième degré, à laquelle on est conduit par la considération de la différence des forces vives.

91. M. Daubuisson a appliqué la même formule à des observations faites au pont de Minden sur le Weser et données par Funk. Les résultats de l'expérience cadrent assez bien avec ceux du calcul pour que cet auteur puisse dire :

« En comparant les hauteurs de remous données par le » calcul avec celles de l'observation, on voit que notre for- » mule rend les effets des rétrécissements produits par les » ponts, aussi bien qu'on peut l'espérer dans une matière » où toute détermination rigoureusement exacte est à peu » près impossible. »

M. Mary, Ingénieur en chef des eaux de Paris, professeur à l'École des Ponts et Chaussées, dans son cours de construction à l'École centrale des Arts et Manufactures, donne pour déterminer le remous la formule de M. Daubuisson. Il l'applique aussi à une expérience du Weser et trouve pour hauteur du remous $0^m,362$ au lieu de $0^m,382$ donné par l'expérience, en mettant pour $m=0,90$.

» Si au lieu de prendre 0,90, dit M. Mary, pour le coëf-
» ficient de contraction, tel qu'il est généralement admis,
» nous avions pris 0,91, nous serions arrivés à $x=0,385$.
» On voit donc que la formule que nous avons donnée est
» très-exacte. »

92. Si on n'a pas perdu de vue les considérations que nous avons exposées au commencement de ce chapitre, on a dû reconnaître que non-seulement cette formule n'est pas très-exacte, comme le suppose M. Mary, ni même approximative, comme le suppose M. Daubuisson, ni même satisfaisante, comme le pense M. de Prony (*Voir l'article cité page 240*), mais qu'elle représente toute autre chose que le remous à déterminer.

On démontre bien, en effet, que, pour que la vitesse U'' en amont devienne U' dans l'étranglement, on doit avoir une chute $\xi=\dfrac{U'^2-U''^2}{2g}$; mais on ne complète pas l'explication du phénomène, on ne dit pas comment la vitesse U' redevient U, et puisque, dans toutes les formules qu'on vient de rappeler, on néglige les forces retardatrices qui ont lieu dans l'étranglement, il faut nécessairement dans cette hypothèse qu'il y ait un relèvement, $\xi'=\dfrac{U'^2-U^2}{2g}$, U étant la vitesse du cours d'eau naturel. Or il est bien clair qu'au-delà de la section étranglée BD, il ne peut y avoir de ressaut au-dessus de la surface naturelle; puisque la section ayant repris toute sa largeur, ce ressaut donnerait à la partie inférieure, ou une hauteur, ou une pente plus grande que celle qui convient au débit. Il faut donc nécessairement admettre qu'effectivement il y a une chute en E, mais que cette chute n'est pas produite par un exhaussement de la surface d'amont, mais par une dépression de la surface qui s'abaisse dans l'étranglement, pour se relever ensuite d'une quantité égale. C'est absolument ce qui se passe dans l'étranglement graduel de peu d'étendue (fig. 26).

Ainsi, dans l'hypothèse admise par MM. Gauthey, Navier, Daubuisson, etc., qui consiste à négliger les forces retardatrices qui se développent dans l'étranglement, la formule qu'ils ont donnée exprime non pas la quantité dont l'eau se relève en amont de l'étranglement, mais la quantité dont elle s'abaisse dans l'étranglement, ce qui est bien différent (*); car l'eau se relevant d'une quantité égale à l'aval, le remous réel qu'il importe à l'Ingénieur de connaître se réduit à zéro dans cette hypothèse. Si les expériences du Weser ont paru confirmer l'exactitude de l'ancienne formule, cela tient à ce que, dans ces expériences, on a pris pour hauteur de remous celle de la chute qui se produit dans l'étranglement, sans tenir compte du relèvement qui se fait à l'aval, relèvement dont on ne soupçonnait pas l'existence.

93. La théorie exacte de l'étranglement brusque ne diffère pas de celle de l'étranglement graduel et les mêmes

(*) Et encore dans ce sens, la formule est inexacte, attendu que dans la partie étranglée, la hauteur de l'eau est $H-\zeta$ et non pas H comme le supposent tous les auteurs que nous venons de citer. ED étant la surface naturelle du courant, celle du remous est $m'j$D' et non mID.

formules générales lui sont applicables. Seulement on manque de données précises pour calculer la force retardatrice φ dans chaque point de l'étranglement.

En effet, l'étranglement brusque est une abstraction mathématique que l'expérience ne peut réaliser. Le rétrécissement du lit, opéré en un point par des travaux d'art, a nécessairement pour effet d'augmenter les forces retardatrices qui avaient lieu dans le lit naturel sur une étendue λ à l'aval, et λ' en amont; et en appelant toujours U, U', U'', la vitesse normale, la vitesse dans l'étranglement et la vitesse en amont, nous aurons les mêmes équations que dans le cas de l'étranglement graduel (N° 81). Ainsi en B maximum de l'étranglement (fig. 33), on a:

$$Bb=y'=\frac{U^2-U'^2}{2g}+\int_0^{\lambda}(\varphi-i)\,ds$$

pour la distance de la surface de remous à la surface naturelle; nous aurons de même en C en amont de l'étranglement :

$$Cc=Y=\frac{U^2-U''^2}{2g}+\int_0^{\lambda+\lambda'}(\varphi-i)\,ds$$

enfin on aurait :

$$cc'=y''=\frac{U'^2-U''^2}{2g}+\int_0^{\lambda'}(\varphi-i)\,ds$$

pour la cataracte qui se formera de l'amont à l'aval au passage du pont. Supposons que l'étranglement soit tel que les longueurs λ et λ' ne soient pas considérables, et que φ, résistance dans l'étranglement, ne diffère pas beaucoup de i, alors la quantité y' sera négative, de plus U'' ne différant pas beaucoup de U, on aura en négligeant dans les valeurs de y' et de y'' l'effet des forces retardatrices :

$$y' = -y'' = \frac{U^2 - U'^2}{2g} \qquad Y = \int_0^{\lambda+\lambda'} (\varphi - i)\,ds$$

C'est-à-dire, que le remous réel Y, en amont du pont, pourra être très-faible pendant que la cataracte aura une hauteur sensible (profil 1); c'est ce qui a lieu probablement au pont du Weser.

Si on suppose, au contraire, que la force φ soit très-considérable, qu'à l'aval du pont, par suite de circonstances particulières se forment de nombreux tourbillons, la quantité, $\int_0^{\lambda} (\varphi - i)\,ds$, pourra devenir plus grande que $\frac{U^2 - U'^2}{2g}$ et la quantité y' être positive, ce qui donnera au remous la forme du profil 2, et alors le remous réel Y sera beaucoup plus considérable que la quantité y'. Il n'y a donc aucune espèce de relation entre y'' et Y et la confusion que tous les auteurs qui ont traité de cette question ont faite entre ces deux quantités repose sur une erreur fondamentale.

94. M. Belanger est le seul qui ne l'ait pas commise. Dans ses leçons lithographiées à l'École des Ponts et Chaussées, cet Ingénieur a reconnu qu'à l'aval de l'étranglement, devait avoir lieu un relèvement qui, lorsqu'on le retranchait de l'abaissement donné par la formule ordinaire, faisait à peu près disparaître le remous. Nous disons, *à peu près*, parce que M. Belanger calcule la contre-pente au moyen d'une formule différente qui, selon nous, repose sur des

considérations physiques et mécaniques tout-à-fait inexactes, et qui donne pour le relèvement une hauteur un peu plus faible. Ainsi, dans l'exemple numérique choisi par cet Ingénieur, la différence entre la cataracte (0^m,18) et le relèvement (0^m,16) n'est que de 0,02, quantité insignifiante dans la pratique. Pour éluder cette difficulté et arriver à un chiffre qui s'écarte moins des résultats connus, M. Belanger multiplie la chute $\frac{U'^2-U^2}{2g}$ qui est ici égale à 0^m,18 par un coëfficient K *qui dépendra de la figure des avant-becs des piles.* Puis, dans l'exemple numérique, il fait K=1,50, c'est-à-dire, qu'il suppose *que, comme dans les ajustages cylindriques, la perte de charge ou de chute serait de moitié de la hauteur due à l'accroissement de vitesse.* C'est ainsi que la chute 0^m,18 multipliée par K devient 0^m,27, auxquels M. Belanger ajoute 0^m,02, pour les forces retardatrices développées sous le pont, ce qui lui donne 0^m,29, desquels retranchant la contre-pente 0^m,16, reste pour remous définitif 0^m,13.

Il est peut-être inutile de faire remarquer que tout ce calcul ne repose sur aucune base rationnelle et qu'on ne peut en tirer parti, ni au point de vue théorique, ni au point de vue pratique.

Ce n'est pas, en effet, résoudre le problème que de représenter la cataracte qui se forme au passage du pont par une expression de la forme :

$$K\left(\frac{U'^2-U^2}{2g}\right)$$

car de ce que cette cataracte doit être plus grande que $\frac{U'^2-U^2}{2g}$, il ne s'ensuit pas qu'on puisse la rectifier en la multipliant par un coëfficient. Supposons, en effet, que U=U'; beaucoup de ponts présentent cette circonstance, à cause des affouillements qui se forment sous les arches. Alors, quel que soit le nombre et la largeur des piles, la forme des avant-becs, le remous sera toujours nul. Conséquence inadmissible. On met d'ailleurs la formule en contradiction complète avec l'expérience, car si comme on l'a vu, la formule $\frac{U'^2-U^2}{2g}$ se vérifie parfaitement avec les expériences du pont de Minden, citées par MM. Daubuisson, Prony, Mary, la formule $1^m,50\ \frac{U'^2-U^2}{2g}$ ne se vérifie plus. La chute n'est pas

$$K\frac{U'^2-U^2}{2g},\ \text{mais}\ \frac{U'^2-U^2}{2g}+K$$

et K ne dépend pas seulement de la figure des avant-becs, mais encore des vitesses U et U', mais de l'épaisseur des piles, mais de la grandeur et de la forme des arches, mais de la position du pont par rapport aux rives, de la distance des rives, du débouché du pont, du profil du fond, etc. Certes de toutes les circonstances que nous venons d'énumérer, *la figure des avant-becs des piles* est peut-être la moins importante.

La seconde partie de la formule de M. Belanger, le terme qu'il faut retrancher du précédent, pour arriver au remous, est encore plus inexact, car ce terme ne dépend absolument que du rapport $\frac{L}{L'}$ entre les débouchés, il n'y a plus de coëfficient qui tienne compte des circonstances locales. Or, c'est précisément dans cette partie, après le passage du pont, que se consomme la plus grande perte de force vive. L'eau ayant à la sortie du pont une grande vitesse y produit une agitation et des tourbillons qu'on ne remarque pas à l'amont, ce qui diminue le relèvement théorique et augmente le remous.

95. Dans l'état actuel de l'hydrodynamique, on ne peut donc que se rendre compte des effets généraux d'un étranglement brusque, mais il est impossible de les mesurer par le calcul. Nous venons de faire voir que le problème consiste dans l'évaluation des forces retardatrices qui se développent dans l'étranglement. Or, si on se reporte à ce que nous avons dit sur les résistances qui se manifestent dans les canaux où la section varie graduellement, on reconnaîtra qu'au point de vue théorique, le problème est pour ainsi dire insoluble. Les divers filets de la masse liquide animés de vitesses qui ne sont plus sensiblement parallèles se mêlent, se divisent, s'entrechoquent, attaquent les obstacles solides qui se trouvent sur leur passage d'une manière si différente, qu'il nous paraît impossible de représenter la résultante de mouvements si divers par une formule applicable à la pratique. Voici selon nous comment les choses se passent.

Considérons un canal régulier, dont la largeur uniforme A'A (fig. 33) se trouve étranglée par deux levées B*b*, B'*b*'. Il est clair que vers l'amont nous trouverons une section CC', et vers l'aval une section AA', dans lesquelles les filets auront une vitesse sensiblement parallèle à l'axe du canal. Si on imagine dans la partie C*b*, où les filets ont des vitesses convergentes et dans la partie *b*A, où ils ont des vitesses divergentes, des sections intermédiaires, on pourra les séparer en deux parties. La première, composée de tous les filets qui prennent part au mouvement général de translation du liquide; la seconde, des filets qui restent immobiles ou ont un mouvement giratoire périodique qui ramène leurs molécules à la même place, au bout d'un certain intervalle de temps. Cette seconde partie joue, par rapport à la première, le rôle d'une paroi, le long de laquelle celle-ci glisserait, en y éprouvant une certaine résistance, résistance tout-à-fait différente de celle d'une paroi solide, puisqu'il s'agit de l'eau glissant sur de l'eau. On pourra donc considérer le courant dans la partie CA comme s'opérant dans un canal dont le fond serait solide et les parois latérales C*bn*A, C'*b'n'*A' seraient liquides. Le frottement sur la paroi solide qui forme le fond, peut être assimilé, jusqu'à un certain point, à celui qui a lieu dans le mouvement uniforme, c'est-à-dire, que si la vitesse des filets inférieurs en contact avec la paroi était connue, on pourrait supposer qu'ils éprouvent la résistance due à leur vitesse $aW+bW^2$; mais le long de cette paroi latérale, qui tourbillonne sur elle-même, a lieu un frottement tout-à-fait différent, car il est du genre de celui de la cohésion, c'est-à-dire, qu'il est proportionnel à la différence infiniment petite des vitesses des filets transportés et des filets tourbillonnant sur place; enfin dans la masse fluide, les filets ayant des vitesses non-seulement très-inégales, mais non parallèles, leur glissement les uns sur les autres, leur contraction et leur pénétration, donnent lieu à de nouvelles résistances. Or, comment saisir, dans cette masse agitée de mouvements si divers, le filet qui a la propriété de représenter les résultats moyens? Mais si la théorie est impuissante pour résoudre le problème par des formules exactes, elle peut guider l'expérience dans la recherche d'une solution empirique suffisante pour les besoins de la pratique.

96. Remarquons d'abord que quoique nous ne connaissions pas les forces retardatrices développées dans l'étranglement, nous pouvons cependant toujours représenter (fig. 34, profil 1 et 2) la hauteur des points, b et c, au-dessus de la surface naturelle, par des équations parfaitemen semblables à celles que nous avons posées pour l'étranglement graduel.

Il est clair, en effet, que dans le canal CBA, on peut imaginer des cloisons CDA, C'D'A', dont on réglera l'écartement de manière qu'en B et en C, la dénivellation soit précisément égale à ce qu'elle est dans l'étranglement brusque, sauf à avoir dans la section BB' une proportion d'étranglement toute différente. Il suit de là que l'étranglement brusque peut présenter en B toutes les circonstances que nous avons signalées pour l'étranglement graduel. C'est-à-dire, qu'il peut y avoir en B abaissement ou relèvement de la surface suivant les circonstances de l'étranglement; en C il y a toujours relèvement. De plus les mêmes formules, (2) et (4) (N° 81) sont applicables. On aura :

$$Bb = y' = i\left(\frac{\Omega}{m\omega'} - 1\right)\left\{\lambda - 140\left(1 + \frac{\Omega}{m\omega'}\right)\right\}$$

$$Cc = Y = i\,(\lambda + \lambda')\left(\frac{\Omega}{m\omega'} - 1\right) = is\left(\frac{\Omega}{m\omega'} - 1\right)$$

en appelant s la longueur du cours d'eau dans laquelle le courant ne coule pas à pleine section, et $m\omega'$ la surface de l'étranglement graduel qui produit le même remous que l'étranglement brusque. Maintenant pour rendre cette formule applicable à la pratique, il faudrait connaître les valeurs de s et de m, qui conviennent à chacune des circonstances de l'étranglement. Or, c'est ce que des observations bien faites et nombreuses peuvent seules donner.

Il faudrait qu'un grand nombre de ponts fussent soumis à des observations semblables à celles dont le pont de Minden a été l'objet. Bien entendu qu'il faudrait que ces observations fussent plus complètes, que le nivellement s'étendît à une certaine distance en amont et en aval, ce qui se ferait par des échelles placées de distance en distance et sur lesquelles on lirait la hauteur de l'eau à des époques simultanées; on joindrait à ce renseignement la coupe et le plan du pont et de ses abords, le plan et le nivellement du cours d'eau, sa vitesse et son produit aux hauteurs observées. En classant ensuite tous les résultats dans un ordre méthodique, rapprochant les cas analogues ou peu différents et arrivant aux cas extrêmes par l'observation d'un grand nombre de cas intermédiaires, on mettrait en évidence l'influence des diverses circonstances locales sur les hauteurs de remous produites, et on déterminerait d'une manière approximative les valeurs que doivent prendre les quantités qui entrent dans la formule précédente.

Ces expériences demandent de la part de l'observateur non-seulement une grande exactitude, mais des connaissances théoriques aussi étendues que possible, et une attention toute particulière dans l'observation des faits, pour ne négliger aucun de ceux qui peuvent avoir une influence notable sur les résultats. Ainsi, par exemple, la formule du remous des ponts, telle qu'elle est donnée dans tous les traités d'hydraulique, sans exception, ne demande que deux données pour en déterminer la hauteur : la vitesse du cours d'eau, et le rapport de la section naturelle à la section étranglée, cette dernière étant d'ailleurs légèrement corrigée au moyen d'un coëfficient de contraction. Or, à part les considérations théoriques qui doivent faire rejeter cette formule, il suffit d'avoir considéré ce qui arrive au passage de quelques ponts, pour être convaincu que ces données sont complètement insuffisantes. Ainsi, par exemple, un cours d'eau a une largeur de 200^m, on se propose de calculer le remous que donnera un pont de 120^m, la vitesse du courant étant de 2^m par seconde. Pour ce cas particulier, l'ancienne formule donnerait un remous d'environ $0^m,36$. Or, il est bien clair que le remous sera totalement différent, suivant les dispositions qui seront adoptées. On peut avoir un pont suspendu de 120^m, 12 arches de 10^m, 5 arches de 24^m, etc.; on peut placer le milieu du pont sur l'axe du courant, ou retirer une culée sur une des rives de manière à avoir à l'amont et à l'aval de la culée opposée des espèces de gares ou des cales pour la navigation; le courant des grandes eaux peut être perpendiculaire au pont ou plus ou moins oblique; on peut exécuter à l'amont et à l'aval du pont des travaux accessoires qui modifient complètement la nature du débouché, etc. De plus il est bien clair, que si au lieu d'un cours d'eau de 200^m et d'un pont de 120^m, il s'agit d'un cours d'eau de 400^m et d'un pont de 240^m ou d'un cours d'eau de 800^m et d'un pont de 480^m, l'effet sera encore complètement différent quoique le rapport de l'étranglement soit le même. Supposons, en effet, que la disposition adoptée, soit un pont suspendu placé au milieu du courant et que les localités comportent où exigent quatre levées de raccordement qui transforment l'étranglement brusque en étranglement graduel alors la formule que nous avons donnée plus haut (4) (N° 81) devient immédiatement applicable:

$$Y = is\left(\frac{\Omega}{\omega}, - 1\right)$$

la longueur s des levées de raccordement tant en amont qu'en aval sera d'ailleurs proportionnelle à la largeur de la rivière. Si dans celle qui n'a que 100^{m} de largeur, il faut 150^{m} de longueur de levées en amont et en aval, il en faudra le double, le triple; dans une rivière deux fois, trois fois plus large. La pente étant de 0,0003 par mètre et le rapport, $\frac{\Omega}{\omega}, = \frac{200}{120} = \frac{5}{3}$, on aura : $Y = 0{,}0002s$, et par conséquent $Y = 0^{m},06$ dans une rivière de 100^{m} de largeur ayant des levées de raccordement de 300^{m}, et $Y = 0^{m},60$ dans une rivière de 1000^{m} de largeur, ayant des levées de 3000^{m}.

On voit que la largeur de la rivière, quantité qui ne figurait même pas dans les anciennes formules, a, dans ces circonstances, une influence considérable sur le résultat; et pour peu qu'on cherche à se rendre compte de l'effet d'un étranglement, on reconnaîtra *à priori* qu'il doit en être ainsi, même dans l'étranglement brusque. Un cours d'eau de quelques mètres de large, resserré même dans une forte proportion, ne peut évidemment altérer la direction des filets fluides que dans une petite étendue en amont et en aval; les filets des bords extrêmes sont trop voisins du filet central, pour que la communication latérale du mouvement ne leur imprime pas à tous une vitesse sensiblement parallèle après un court intervalle de temps. Mais dans une rivière très-large, les filets des bords, ne recevant l'action des filets centraux, que par de nombreux filets intermédiaires qui atténuent cette communication de mouvement, ne sont entraînés dans le mouvement commun qu'après un bien plus grand intervalle de temps. Ainsi telle disposition, tel étranglement, ne produiront qu'un remous insignifiant dans une petite rivière et pourront en produire un énorme dans un grand fleuve.

En résumé, les formules données jusqu'à présent pour calculer les remous produits par un étranglement brusque ne méritent aucune espèce de confiance, c'est une des nombreuses lacunes de l'hydraulique actuelle; en attendant qu'elle soit comblée, les considérations générales sur les propriétés des liquides, les formules de l'étranglement graduel que nous avons exposées plus haut, pourront peut-être fournir quelques indications utiles à la pratique. Nous reviendrons d'ailleurs sur la question si importante du débouché des ponts dans le chapitre suivant.

Ce que nous avons dit de l'étranglement brusque s'applique à l'élargissement brusque : on peut se rendre compte de ses effets généraux par ce qui se passe dans l'élargissement graduel, mais il est impossible de les apprécier exactement par le calcul. Nous croyons inutile de nous arrêter d'avantage sur ce cas qui a beaucoup moins d'importance pratique que le précédent.

97. Pour compléter l'étude des effets des diverses natures d'étranglement, nous croyons devoir examiner ce qui doit se passer dans les coudes ou sinuosités des cours d'eau.

Si on cherche à déterminer d'une manière expérimentale la vitesse des divers filets de la surface d'un grand cours d'eau, dans les parties ou sa direction générale présente des sinuosités, on reconnaît de suite de grandes différences entre les vitesses de ces filets. Sur certains points la vitesse est très-forte et très-rapide; sur d'autres, elle est faible et même nulle souvent. Nous pourrions citer de très-grands ponts qui, sous certaines arches, n'ont aucune espèce de débit, même pendant les crues (*). Limitons par la courbe *pqr* (fig. 34) la portion d'eau stagnante qui se trouve le long d'une rive convexe. Puisque cette eau est immobile, sa surface est de niveau, tous les points de la courbe *p*, *q*, *r*, sont à la même hauteur. Un filet voisin, dont la vitesse est nécessairement fort petite, a très-peu de pente. Le filet suivant en a davantage, ainsi de suite. Traçons la courbe *mno*, qui passe par tous les points dont la vitesse est un maximum dans chaque section, puisque la section Q se trouve rétrécie par le fait des eaux stagnantes, la vitesse moyenne et la vitesse maximum y sont nécessairement plus considérables que dans les sections antérieures et postérieures. Si dans les différentes sections, on trace la courbe des vitesses pour les filets de la surface, on lui trouvera nécessairement les formes *pab*, *qa'b'*, *ra''b''*, que nous indiquons dans la figure 35. Par l'effet du coude il se produit donc un étranglement en *q*, quoique la section ne change pas de superficie; or l'excès de vitesse nécessaire pour franchir l'étranglement, ne peut être donné que par une dénivellation de la surface liquide, le point *n* s'abaisse au-dessous de *m* de la quantité nécessaire pour produire l'excès de vitesse, et le point *o* se relève au-dessus de *n*, de manière à ramener la vitesse à la valeur qu'elle doit avoir. Tout se passe comme dans l'étranglement graduel, si ce n'est qu'un des côtés de la section étant assujéti à rester de niveau, la dénivellation, dont

(*) Cette circonstance se présente surtout dans les ponts obliques, au courant, et dans ceux dont les culées font saillie sur les rives, au moyen de levées qui rétrécissent le débouché naturel.

nous parlons, se produit au moyen d'une autre dénivellation dans le sens du profil en travers. Donc la surface de l'eau, dans un pareil courant, n'est pas horizontale, la vitesse se répartit entre les divers filets d'une manière très-inégale dans chacune des sections; de plus la vitesse des molécules de chaque filet varie sans cesse en passant d'une section à l'autre. Il ne faudrait pas considérer, en effet, la courbe *mno*, qui passe par les points où la vitesse est un maximum, comme représentant un filet particulier, cette courbe qui va d'une rive à l'autre appartient évidemment à plusieurs filets. Ceux-ci tout en se pénétrant et en se séparant, suivant ce qu'exige la largeur de la section courante, suivent une direction sensiblement parallèle à l'axe du canal. Animés d'une grande vitesse en *q* et attaquant la rive concave dont ils emportent les débris, ils se ralentissent en marchant vers R et laissent les troubles dont ils sont chargés sur la rive convexe RS'T où la vitesse diminue sensiblement.

Les principes que nous avons posés précédemment rendent donc parfaitement compte des effets des sinuosités, mais ne sont pas suffisants pour les calculer. On reconnaît dans l'explication que nous venons de donner une foule de causes de pertes de travail dont il est évidemment impossible d'apprécier l'importance en chiffres.

Nous ne nous sommes arrêté un instant sur cet exemple que pour faire comprendre toutes les anomalies apparentes que pouvaient présenter les cours d'eau naturels, anomalies qui expliquent les résultats étranges auxquels on est parvenu en essayant de vérifier, au moyen du nivellement de leur surface, les formules du mouvement uniforme ou du mouvement varié, résultats que nous avons cités à la fin de notre premier chapitre. Quand il fallait obtenir 26^{m}, les formules répondaient 28^m, 11^m, 30^m, 39^m, 4^m à divers points du même cours d'eau. Non-seulement on a demandé aux formules des résultats qu'elles ne pouvaient pas donner, mais on a admis dans les calculs des données évidemment erronées. Ainsi, par exemple, l'expérience (*M. Minard, Navigation des rivières, page 41*) qui donne 4^m pour le produit de la Meuse au lieu de 26^m suppose que cette rivière n'a qu'une pente de 0,01, sur une longueur de 535^m; si le nivellement est exact, l'eau marche donc en vertu de sa vitesse acquise, il y a donc en amont un étranglement qui motive une forte cataracte. Or si on examine la colonne des sections, on n'y trouve pas de traces de ce changement brusque de section, ou plutôt il se ferait en sens inverse de celui qui doit avoir lieu. Nous l'avons dit souvent dans ces études, l'état de l'hydrodynamique laisse encore beaucoup à désirer, il y a de nombreuses lacunes qui appellent de nombreuses recherches théoriques et expérimentales; mais quelque arriérée que soit cette science, ce n'est pas une raison pour marcher au hasard; l'ingénieur guidé par des notions saines sur les propriétés mécaniques des fluides, par des formules dont il connaîtra la portée, pourra presque toujours non pas arriver à une solution exacte, mais à une solution approchée, en évitant ces grandes erreurs qui seules sont à redouter.

CHAPITRE V.

DU RÉGIME DES GRANDES EAUX,

DU DÉBOUCHÉ A LEUR DONNER.

98. Dans les chapitres précédents, nous avons signalé les principales applications dont nous paraissent susceptibles les considérations, les principes, les formules auxquels nous étions successivement conduit; nous nous sommes réservé de traiter dans ce dernier chapitre d'une manière plus complète la question générale du débouché que les travaux publics et particuliers, exécutés dans les vallées, doivent laisser aux grandes eaux auxquelles elles donnent passage. Cette question devient tous les jours plus importante et les désastres qui se sont renouvelés à des époques si rappro-

chées l'ont rendue l'objet de nombreuses discussions dans les chambres et dans la presse.

Pour la résoudre, il importe avant tout de se rendre compte du régime des grandes eaux, de la manière dont elles se comportent habituellement, des causes de leur hauteur plus ou moins considérable et des circonstances qui peuvent la modifier.

Les grandes eaux, lorsqu'elles débordent dans les vallées, s'écoulent à travers un lit très-irrégulier, tantôt très-large, tantôt étroit; sur certains points, elles se précipitent avec une vitesse torrentielle; sur d'autres elles paraissent, pour ainsi dire, stagnantes. Substituons pour un instant à ce lit naturel accidenté, un canal artificiel et régulier, composé d'un plafond dressé horizontalement en travers et de deux digues sensiblement parallèles, déterminées de manière que la hauteur des grandes eaux soit partout la même et plus petite que leur hauteur minimum actuelle; résultat facile à obtenir, puisqu'il suffit d'écarter ou de rapprocher les digues pour faire baisser ou monter la surface de l'eau. Comparons maintenant ce lit fictif avec le lit naturel, et nous trouverons que partout ce dernier empiète sur l'autre, par les saillies irrégulières que forme le pied des terrains insubmersibles; nous pouvons donc le supposer comme composé d'une série d'étranglements successifs entre lesquels le calcul nous donnerait la hauteur du remous au-dessus du niveau qui existe dans le canal fictif. La surface des eaux n'est donc composée que d'une série de surfaces de remous qui se développent et se superposent les unes sur les autres, et dont la hauteur en un point quelconque est une fonction de la forme du débouché naturel, non-seulement en ce point, mais de ceux qui sont situés en amont et en aval. Il suit de là que l'idée de remous est nécessairement relative et non pas absolue. Pour dire qu'il y a remous, il faut prendre un terme de comparaison, et il ne peut y en avoir que d'arbitraires. Une rivière prend donc dans son lit des hauteurs de crue variables et qui ne suivent aucune loi régulière, car pour cela il faudrait que le lit naturel en suivît une lui-même, or, c'est ce qui n'arrive pas en général. Les accidents géologiques qui ont creusé les vallées en ont bien jusqu'à un certain point régularisé le profil; mais ici et là des dépôts plus ou moins épais sur le plafond, des côteaux plus ou moins saillants forment des irrégularités assez grandes pour donner lieu à des différences de niveau, très-notables dans la hauteur des crues. Si nous jetons les yeux sur le profil d'une crue de la Loire, en 1843, entre la Vienne et la Maine, c'est-à-dire, sur une étendue de 60 kilomètres environ où le fleuve ne reçoit aucun affluent important, nous trouvons que ce volume prend pour s'écouler les hauteurs suivantes :

A Saumur.	$6^m,70$
Aux Rosiers (15 kil. à l'aval de Saumur). .	$7^m,37$
A Saint-Mathurin (10 kil. à l'aval des Rosiers).	$6^m,20$
Aux Ponts-de-Cé (17 kil. à l'aval de S.-Mathurin).	$5^m,54$

Et plus bas une hauteur plus considérable.

Si donc on compare la hauteur de Saumur, à celle des Rosiers, non-seulement on trouvera qu'il n'y a pas de remous à Saumur, mais dépression de $0^m,67$, tandis qu'il y a remous de $0^m,50$, par rapport à Saint-Mathurin, et de $1^m,16$ par rapport aux Ponts-de-Cé.

Aux Rosiers, le remous est de $0^m,67$, $1^m,17$ et $1^m,83$, suivant qu'on le compare à Saumur, à Saint-Mathurin et aux Ponts-de-Cé. Tous les cours d'eau offrent les mêmes accidents.

Les eaux du Rhin s'élèvent à 4^m au-dessus de l'étiage, devant Strasbourg et leur élévation dépasse 6^m devant Huningue.

Les plus grandes crues de la Garonne parviennent aux élévations ci-après indiquées :

A Toulouse.	$6^m,30$
A Agen (1770).	$10^m,16$
A Marmandes (1835).	$9^m,16$
A Langon (1770).	$12^m,05$

Ces remous naturels si considérables ne sont accusés à la surface par aucune cataracte sensible, ils sont le résultat des étranglements, plus ou moins prolongés, qu'éprouvent les eaux sur certains points, ou plus généralement des circonstances locales. Lorsque des travaux d'art modifient ces circonstances, on a d'autres remous qui auraient pu être produits par des circonstances naturelles.

99. La hauteur des grandes eaux en un point d'un cours d'eau naturel dépend donc en général de leur volume, de la pente et de la section du lit au point considéré et à une certaine étendue en amont et en aval. Il n'y a donc et il ne peut y avoir à cet égard aucune loi générale, qui permette d'assigner *à priori* la hauteur des crues le long d'un fleuve. Vers la source, les cours d'eau ont plus de pente et le volume des eaux est moins considérable, les crues seraient donc beaucoup plus faibles que dans la partie inférieure, mais souvent le lit naturel est beaucoup plus étroit, de sorte que c'est le contraire qui arrive. Enfin il y a une cause accidentelle de la hauteur des crues sur laquelle on n'a pas assez insisté jusqu'à présent. Cette cause c'est le vent; admise par le public sans trop d'examen, l'influence

du vent a jusques à présent été négligée par la théorie. Nous croyons qu'il n'en a été parlé que dans le rapport présenté à l'Académie des sciences, par M. Navier, sur les expériences faites en Russie, par M. Raucourt de Charleville. La théorie, que nous avons exposée dans le premier chapitre de ces études, rend parfaitement compte de l'influence que le vent peut exercer. En étudiant la loi de la distribution des vitesses dans la masse fluide, nous avons supposé que le frottement de l'eau glissant sur de l'air était sensiblement nul. S'il n'en était pas ainsi, si la surface libre éprouvait une certaine résistance, il en résulterait une modification dans la distribution des vitesses qu'il serait facile de calculer si la résistance à la surface était connue. La courbe des vitesses (fig. 35), au lieu d'occuper la position mn, occuperait la position $m'n'$, et la hauteur H deviendrait H', le produit étant constant.

« Si le vent a soufflé (*dit M. Navier, dans le Mémoire* » *précité*) dans une direction contraire à celle du courant, » l'effet du courant réciproque de l'eau contre l'air de- » vient alors beaucoup plus marqué, les ordonnées dimi- » nuent dans la partie supérieure de la courbe, en sorte » que la vitesse, à la surface, peut être beaucoup moindre » que la vitesse maximum et *surpasser peu la vitesse au* » *fond*. Le frottement dont il s'agit produit alors une ré- » sistance très-comparable à celle qui serait due au frot- » tement sur une paroi solide. »

Si on admettait avec M. Navier, que l'influence du vent peut ralentir la vitesse à la surface au point de la rendre à peu près égale à celle du fond, on déduirait facilement de cette donnée le surcroît de hauteur qui en résulterait pour les grandes eaux.

En se servant de la formule de M. de Prony, on aurait

pour un temps calme, et pour le cas d'un très-grand vent qui aurait pour effet de doubler le contour mouillé, les deux équations suivantes :

$$i = \frac{1}{H}\beta U^2, \quad i = \frac{2}{H'}\beta U'^2$$

d'où on tirerait à l'aide de l'égalité $HU = H'U'$

$$H' = H\sqrt[3]{2} = 1{,}26\,H$$

Ainsi, par le seul effet du vent, la hauteur naturelle de la crue pourrait être augmentée d'un quart en sus. Une crue de 6^m deviendrait une crue de $7^m,50$ et une crue de 12^m, comme celle de la Garonne à Langon, deviendrait de 16^m. M. Navier n'a mentionné aucune expérience de M. Raucourt, et cet ingénieur n'a pas publié son mémoire, de sorte que nous ne savons quel degré de confiance méritent les expériences sur lesquelles est fondée l'assertion que nous avons citée plus haut. Mais lorsqu'on réfléchit aux effets bien connus et bien constatés des grands vents sur la surface des eaux, et sur les surfaces solides; lorsqu'on les voit soulever les marées sur le rivage de la mer à des hauteurs très-considérables, lorsqu'on les voit sur la terre emporter le sable et les parties tenues de certains terrains, comme le font les eaux elles-mêmes; on est porté à conclure que leur action peut en effet donner une résistance très-comparable à celle du frottement d'une paroi solide. L'opinion de M. Navier, fondée sur les expériences de M. Raucourt, nous paraît donc très-admissible.

On remarquera que le vent, en soufflant dans le sens du courant, peut tout aussi bien produire une diminution dans les crues et donner la courbe $m''n''$ (fig. 35), de sorte qu'on sera d'autant plus porté à conclure, comme M. Navier, « qu'on ne pourra se dispenser par la suite d'avoir » égard à l'état de l'atmosphère dans les observations et » expériences qui auront pour objet la connaissance de la » vitesse de l'eau dans un canal ou dans un fleuve, et l'appréciation du volume qui s'écoule dans l'unité de temps. »

100. Le volume des crues a, sur leur hauteur, une influence directe qui n'est pas contestable, mais ce qui est très-contestable, selon nous, c'est que ce volume soit aujourd'hui beaucoup plus considérable qu'autrefois, et que ce fait soit la conséquence directe du déboisement du sol.

Faisons remarquer que cette hauteur toujours croissante des inondations n'est pas un fait directement prouvé. Tout Ingénieur qui a eu à recueillir des renseignements sur la hauteur d'une crue, sait combien il est difficile d'obtenir quelque chose d'exact et de précis. Les populations effrayées exagèrent les dangers auxquels elles ont été exposées et les désastres dont elles ont été victimes, de sorte qu'on a beaucoup de peine à démêler la vérité au milieu d'assertions contradictoires. Lors donc qu'on vient comparer une crue récente à une crue ancienne, on se trouve placé entre l'incertain et l'inconnu. Mais admettons qu'on ait des points de repère bien précis, qu'il soit parfaitement constaté que les dernières crues ont dépassé toutes celles connues depuis un siècle, est-on en droit d'en conclure logiquement qu'il y a un changement de régime dans le cours d'eau? Nous ne le pensons pas. Un grand cours d'eau n'est que la réunion d'autres cours d'eau moindres, composés eux-mêmes de cours d'eau plus petits, etc. Ces cours d'eau si nombreux ne sont pas tous influencés dans leurs crues par les mêmes causes; ceux-ci le sont par la fonte des neiges, ceux-là par les pluies, ceux-ci viennent du Sud, ceux-là viennent du Nord, etc., etc.; de sorte que leurs crues ne coïncident pas nécessairement; mais rien ne s'oppose à ce qu'elles ne coïncident en plus ou moins grand nombre. Ainsi, représentons pour chacun d'eux leur plus grand volume par 6, et par 5, 4, 3, 2, 1, les volumes intermédiaires depuis celui de l'étiage. Le volume d'eau qui passera à un point donné pourra être considéré comme le produit de tous les affluents arrivés à un certain point de crue. Son maximum ne sera donc atteint qu'autant que tous ces affluents le lui apporteront simultanément. La probabilité de ce résultat peut donc être comparée à celle d'amener dans le jet d'un grand nombre de dés, autant de 6 qu'il y a de dés. Or tout le monde sait combien, quand le nombre des dés est un peu considérable, cette coïncidence présente peu de probabilité, combien, au contraire, les résultats moyens deviennent probables, cependant si peu probables que soient ces résultats extrêmes et ceux qui en diffèrent peu, ils le deviennent par la répétition d'un grand nombre de jets.

L'histoire de toutes les crues confirme ce que nous venons d'avancer. Ainsi, sur la Loire, la plus forte crue qu'on ait vue depuis plus d'un siècle, entre le confluent de la Vienne et celui de la Maine, est celle de 1843. Or, pendant cette crue, la Loire ne s'est élevée à Tours, qu'à $4^m,25$, $2^m,35$ de moins qu'en 1789, tandis qu'à Saumur elle s'élevait à $6^m,70$ (*$0^m,50$ en plus qu'en 1799*) c'est-à-dire, que cette crue se composait des grandes eaux de la Vienne et des eaux moyennes de la Loire supérieure.

La crue de 1844 présente les mêmes circonstances, elle est encore uniquement le résultat du gonflement des eaux de la Vienne. La crue de 1846, celle qui a causé de si terribles ravages dans la Loire supérieure, à Roanne, Digoin, Orléans, Blois, Tours, celle qui a motivé une allocation de 7 millions pour la réparation d'une partie des dommages causés par les crues aux travaux publics et de nombreuses souscriptions pour réparer les dommages particuliers, cette crue s'est tenue à $0^m,80$ au-dessous de celle de 1843, à Saumur; et au-dessous du confluent de la Maine, à Ingrandes, à Ancenis, ce n'est plus qu'une crue ordinaire comme celle qu'on voit tous les hivers. La Vienne et la Maine se trouvaient, en effet, en eaux basses, dans le moment de cette crue de la Loire supérieure, qui arrivée seule dans le lit commun de la Loire et de la Vienne, puis dans le lit commun de la Loire, de la Vienne et de la Maine, a pu s'y étaler sans prendre une hauteur considérable. Il y a plus, c'est que ces affluents, pendant cette crue, ont joué, par rapport aux parties inférieures le rôle de réservoirs. Les eaux de la Loire s'y sont précipitées avec une vitesse proportionnelle à la rapidité de leur ascension. Ainsi, la Maine qui ne se trouvait qu'à 2^m au commencement de la crue de la Loire, est montée à $5^m,50$ à Angers. Pendant trois jours, il y a eu au pont de pierre de cette ville, une cataracte de $0^m,10$ de l'aval à l'amont, ce qui donne un produit d'environ 1000^m par seconde. La Loire, au-dessous de l'embouchure de la Maine, se trouvait donc débiter 1000^m de moins qu'au-dessus. Mais on peut se demander puisque la Loire à $4^m,20$ à Tours et la Vienne à $6^m,13$ à Chinon, donnent $6^m,70$ à Saumur, qu'arriverait-il, si $6^m,60$ de crue à Tours (*crue de 1846*) correspondaient à $6^m,32$ à Chinon (*crue de 1792*)? Evidemment la crue de 1843, à Saumur, la plus forte des temps modernes, serait dépassée de 2^m. Ce n'est pas encore là une limite infranchissable, car les crues de Tours et de Chinon, que nous venons de citer, ne sont pas elles-mêmes les produits des maxima de tous les affluents supérieurs. Il faut donc regarder comme possibles des crues beaucoup plus considérables que celles qu'on a vues jusqu'à présent. Ces crues extraordinaires peuvent arriver d'un jour à l'autre sans qu'il y ait modification dans les causes de ces accidents. Ce que nous disons de la crue maximum peut se dire des crues qui en approchent, les chances qui doivent les amener sont d'autant moins nombreuses qu'elles s'éloignent plus de la crue moyenne, et cela est vrai au-dessous et au-dessus. L'étiage n'a pas plus de limites naturelles que les grandes eaux; pour qu'il se réalise en un point donné, il faut que chacun des affluents supérieurs soit lui-même à l'étiage. Or, cela arrivera d'autant moins souvent que ces affluents seront d'autant plus nombreux. Ainsi, dans la partie supérieure d'un grand cours d'eau naturel, là où les affluents sont encore en petit nombre, les crues maxima sont plus probables, plus fréquentes, mais il est moins probable qu'elles seront dépassées; dans la partie inférieure, où les crues sont le produit de nombreux affluents, les grandes crues sont plus rares, mais la limite possible de leur hauteur est bien plus considérable. Pour en revenir à la comparaison des dés que nous faisions tout-à-l'heure; dans la partie supérieure, vous n'avez qu'un petit nombre de dés; ainsi la chance d'amener 12 avec deux dés est de $\frac{1}{36}$, tandis qu'elle n'est que de $\frac{1}{1296}$ pour amener 24 avec quatre dés. Or, si on réfléchit au grand nombre d'affluents qui alimentent la partie inférieure d'un fleuve, et au petit nombre de crues qui se reproduisent annuellement, on en conclura que, pour étudier par la simple observation le phénomène des crues, il faudrait embrasser des siècles entiers. Or, qu'a-t-on fait jusqu'à présent pour constater que ces événements sont devenus plus probables par un changement dans les conditions primitives du phénomène? Où sont ces anciens repères, ces anciens registres où les faits toujours comparables entre eux ont été consignés avec un soin intelligent, en vue de prouver un résultat auquel on ne s'attendait pas alors? où a-t-on tenu note du progrès du déboisement d'une part, et de l'autre de la hauteur correspondante des crues, de manière à établir la relation qu'on prétend exister entre ces deux faits? Quant aux témoignages historiques qu'on apporte à l'appui de cette opinion, ils sont sans aucune valeur pour l'Ingénieur qui a pu étudier le régime d'un fleuve sur des tables journalières un peu étendues. Ainsi, par exemple, la Loire atteint à l'échelle du pont de Saumur la cote $6^{m},20$ en 1799, et l'année suivante, le zéro de l'échelle; 44 ans se passent sans reproduire la première cote, et tout-à-coup, en 1843, elle est dépassée de $0^{m},50$. Quant à l'étiage, il n'a pas encore reparu. Dans cet intervalle, neuf ans consécutifs s'écoulent sans que les eaux atteignent la cote 5^{m}, en 1832 la plus forte crue ne dépasse pas $2^{m},62$. Si donc aujourd'hui on retrouvait une table des hauteurs journalières de la Loire ou de tout autre fleuve tenue très-exactement et pendant dix ans par un lieutenant de César ou de ses successeurs, il faudrait bien se garder d'en tirer une conclusion quelconque sur le régime du fleuve, durant les premiers siècles de l'ère chrétienne : mais il ne s'agit ni de table, ni de hauteur, ni de rien de précis, il n'est question que de quelques membres de phrases écrits par des empereurs romains qui décrivaient le pays sur lequel s'étendait leur domination en historiens et non en physiciens. Ainsi, selon nous, le fait de l'augmentation successive des crues n'est pas directement prouvé et ne pourra l'être de bien longtemps, et à plus forte raison ignore-t-on la relation qui le rattache au déboisement. Il n'y a donc là qu'un fait douteux et une conjecture plus ou moins rationnelle à laquelle on en pourrait opposer d'autres peut-être aussi vraisemblables.

101. Mais admettons l'un et l'autre pour un instant. Faut-il en conclure, comme on le fait généralement, que pour se mettre à l'abri des inondations des fleuves et des rivières, il faut reboiser la France? On ne fait pas attention que le déboisement du sol est une conséquence nécessaire de l'augmentation de la population et des progrès de la civilisation. A mesure que la population augmente, il faut bien demander au sol un supplément de subsistances pour les nouveaux venus. Sans doute l'ancienne partie du sol cultivé, sollicitée par un travail plus nombreux et plus puissant, en fournit une partie, mais on s'adresse aussi à la partie du sol qui n'est pas cultivée. Le haut prix qu'atteignent les subsistances permet au propriétaire de défricher et de mettre en culture certaines parties du sol, qui ne l'étaient pas à cause de la grande quantité de travail qu'elles demandaient. Supposons que l'hectare de bois vaille 1000 francs, que cet hectare exige 1200 francs de travail de défrichement, et que la valeur de l'hectare de terre arable ne soit que de 2000f, dans ces circonstances le propriétaire ne pense pas à défricher; mais si la demande de bled augmente, si l'agriculture, par ses progrès, en fait produire une plus grande quantité, à chaque hectare dont le prix s'élève à 3, 4 ou 5 mille francs, si de plus les capitaux deviennent plus abondants, si les outils se perfectionnent de manière que le défrichement qui

aurait coûté 1200f à un propriétaire, fort embarrassé pour se les procurer n'en coûte plus que 7 à 8, à un propriétaire qui ne sait que faire de ses capitaux, évidemment l'hectare de bois sera défriché et converti en terre à froment. C'est ainsi que les forêts des Gaules ont disparu successivement, à mesure que la civilisation et la population se sont développées, c'est ainsi que disparaissent aujourd'hui les forêts de l'Amérique, sous la hache des hardis pionniers, qui ne s'inquiètent guère de l'influence qu'auront, par la suite, leurs défrichements sur le régime de leurs fleuves magnifiques. Au reste, lorsqu'on se lance dans le domaine des conjectures, on reconnaît que bien d'autres causes ont pu amener des changements dans le régime des cours d'eau : le défrichement des landes, le dessèchement des étangs et des marais, l'établissement des routes, des chemins, des fossés, dont les agriculteurs ont successivement entouré leurs champs, ont pu concourir au même résultat. Faut-il remettre le sol de la France comme il était au temps des Druides, pour avoir le plaisir de dire de tous nos fleuves ce qu'a dit l'empereur Julien de la Seine, qu'il ne connaissait guère, *rarò fluvius minuitur ac crescit; sed qualis æstate talis esse solet hyeme?* Il est vrai que quelques-uns se restreignent, et ne parlent du reboisement que sur la source des fleuves; ils prétendent qu'il suffit d'y attaquer le mal, pour le voir disparaître partout. On perd de vue que l'eau des fleuves et des rivières ne se compose pas uniquement de ce qui vient de leur source, mais de l'eau qui tombe dans toute l'étendue du bassin, que ce qui vient de la source même est presque partout un infiniment petit dans la masse débordée, que par conséquent, pour que le reboisement ait un effet sensible et salutaire sur le régime des fleuves, il faut qu'il puisse couvrir une vaste étendue du bassin. Toute mesure partielle à ce sujet, peut même amener des résultats tout à fait contraires. Par exemple, il arrive souvent aujourd'hui que la Loire entre en crue, lorsque la Vienne commence à baisser, admettons que par des plantations dans le bassin supérieur de la Vienne, on ait retardé la crue de cette rivière de quelques jours, le résultat de ce travail sera de faire coïncider la crue de la Loire avec la crue de la Vienne, et d'occasionner, au-dessous de leur confluent, une inondation qui n'aurait pas eu lieu sans ce travail. Pour que le reboisement soit efficace, il faut donc qu'il soit à peu près général; or, il y a tant d'impossibilités contre une pareille mesure, qu'il n'est pas à craindre qu'on fasse jamais autre chose que d'impuissantes tentatives. Mais ce qui est à craindre, dans cette question, ce qui nous a fait nous y arrêter un instant, c'est qu'on ne se persuade que le seul remède aux inondations, qui désolent nos vallées, ne soit le reboisement du sol, et que sous le prétexte que ce remède est impossible, on n'ait pas recours à ceux que l'état de la science met à notre disposition, et dont l'efficacité est certaine et immédiate. Selon nous, il faut accepter le régime de nos cours d'eau tel que la nature l'a donné, ou tel que la civilisation l'a modifié. La surface du sol, soumise aux inondations, n'est peut-être que la centième partie de la surface entière de la France, pour diminuer les inconvénients des inondations sur cette partie, il n'est pas rationnel de bouleverser les 99 autres. C'est sur la partie malade qu'il faut agir directement, d'autant plus que si on veut l'examiner de près, on y trouvera presque toujours la cause du mal.

102. A Saumur, par exemple, la Loire se divisait autrefois en six bras, la construction du pont Cessart en 1770 les réduisit à trois, et celle du pont Napoléon à deux en

1820; depuis cette époque, on a pris encore sur le lit du fleuve l'emplacement d'un quai fort large; la crue de 1843 a donc passé, à Saumur, dans un lit complètement différent de celui de 1799, et aujourd'hui, si une crue revenait, elle trouverait encore des lieux tout-à-fait différents de ceux de 1843. Sur une longueur de six kilomètres, à l'aval de Saumur, le chemin de fer a été établi dans le lit des grandes eaux qu'il a sensiblement rétréci. Ce que nous disons de Saumur, nous pourrions le dire pour d'autres localités : en descendant la Loire, nous rencontrerions partout de nouveaux ponts, de nouvelles levées. On serait bien embarrassé de trouver le long de nos grands fleuves une certaine étendue du lit des grandes eaux que la main des hommes ait respectée depuis un siècle. Outre les travaux publics, que certaines conditions de leur tracé obligent presque toujours de placer dans les vallées, il y a les travaux particuliers, les digues, les plantations, les haies, les fascinages, les perrés, les enrochements, les murs, les maisons qui tous les ans enlèvent quelque chose à la section des grandes eaux. Par la même raison que les hommes arrachent les bois pour cultiver les coteaux, ils plantent dans les vallées pour défendre le terrain contre les eaux; et nous ne mettons pas en doute, que le boisement des vallées a plus contribué à relever les crues, que le déboisement des montagnes; mais nous n'en conclurons pas, qu'il faut déboiser les vallées, qu'il ne faut y établir ni quais, ni routes, ni digues, ni ponts, ni chemins de fer. Ce sont encore là des nécessités de la civilisation, auxquelles on doit se soumettre; mais ce que nous demandons, c'est qu'en exécutant tous ces travaux, on se rende toujours compte de l'influence qu'ils doivent avoir sur le régime des grandes eaux, et qu'on en apprécie toutes les conséquences. La règle générale qui domine toute question de débouché, c'est de prévoir ce qui arrivera. Un dommage, si grand qu'il soit, prévu, calculé, évalué, n'est plus un dommage, c'est un article de dépense à ajouter à l'estimation du projet. Lorsqu'on ouvre une route, un canal, on s'empare de terrains souvent précieux pour l'agriculture, on détruit des maisons considérables, etc., etc., ce sont là des résultats qu'on accepte, sans se plaindre, parce qu'ils ont été prévus et qu'on en a tenu compte dans la rédaction du projet. Mais qu'à la suite de l'établissement d'un pont, d'un endiguement ou d'un travail quelconque dans le lit des grandes eaux, des terrains soient emportés, que des maisons s'écroulent aux premières grandes eaux; ces dommages qui n'ont été ni annoncés, ni calculés d'avance, prennent un tout autre caractère. Ajoutons que ce défaut de prévision ajoute nécessairement à leur importance. Car, par la même raison, que quelques centimètres de plus ou de moins, dans une crue, peuvent établir une énorme différence dans les résultats, il est très-souvent facile de les prévenir ou de les atténuer. Si, trop confiant dans des calculs erronés, vous n'avez pas prévenu ce propriétaire qui se croit à l'abri derrière sa digue, parce qu'il est à 4 ou 500^{m} en amont des travaux, que les crues seront relevées de 20 ou 30 centimètres en ce point; si vous ne lui avez pas donné les quelques cents francs nécessaires pour relever cette digue, la voilà emportée et avec elle tout ce qu'elle protégeait; si vous n'avez pas averti cet autre que, la vitesse du courant devant beaucoup augmenter dans le chenal qui longe sa propriété, il faut mettre ici des plantations, là des perrés, plus loin des enrochements et peut-être même des pieux, de grandes avaries surviendront qui auraient pu être prévenues par des dépenses modérées.

De plus cette prévision des résultats doit servir continuellement de guide dans l'étude des dispositions à adopter pour le projet. Car si la nature des dommages, des accidents peut varier à l'infini, les ressources du métier de l'ingénieur ne sont pas moins nombreuses. En indiquant quelques-unes d'entre elles pour les circonstances que nous allons considérer, nous n'avons pas la prétention de prescrire des modèles de solution, nous ne voulons que faire voir tout ce qu'il y a d'indéterminé dans le problème du débouché des grandes eaux.

103. La question de savoir quel débouché il faut laisser à un certain volume d'eau n'a donc pas de réponse déterminée. On ne peut pas dire qu'il faut tant de mètres carrés de section, pour tant de mètres cubes d'eau. Si petit que soit un débouché, il est toujours suffisant pour que le volume de la rivière, si grand qu'il soit, s'y écoule; mais il s'écoulera avec une hauteur, une vitesse, une direction qui dépendront de ce débouché. Or, la hauteur, la vitesse, la direction qui conviennent à une localité peuvent être désastreuses pour une autre. Que la Loire monte de 7^m aux Rosiers, cela n'a pas le moindre inconvénient, si elle montait de 7^m aux Ponts-de-Cé, les dommages seraient incalculables!

Lorsque depuis longtemps une localité est soumise à un certain régime de crues, le terrain sur lequel elles coulent s'est mis en équilibre avec cette puissance, tout ce qui ne pouvait résister a été emporté, ce qui était sujet aux ensablements s'est élevé successivement, les hommes s'en sont emparés, l'ont cultivé, ils ont descendu leurs habitations au niveau des plus grandes crues, ou s'ils les ont placées plus bas, ils les ont bâties en conséquence, et tout est préparé pour les abandonner au moment voulu; ou bien ils ont mis leurs propriétés à l'abri derrière des digues dont le niveau est calculé sur ces crues. Maintenant, par un travail d'art quelconque, vous changez ce régime; ici pour avoir augmenté la vitesse du courant, ou seulement pour avoir changé sa direction, le terrain submersible est emporté; là pour l'avoir diminuée, de vastes ensablements viennent se déposer sur des terres autrefois fertiles; pour avoir relevé le niveau des eaux, les habitations sont envahies, leurs fondations s'écroulent, les digues surmontées cèdent à la violence des eaux, qui s'élançant dans le terrain inférieur avec impétuosité, y causent plus de ravages que si elles y étaient entrées peu à peu, comme elles l'auraient fait s'il n'y avait pas eu de digue.

104. Telles peuvent être les conséquences désastreuses d'une modification, même assez légère, dans le régime d'un grand fleuve. On s'étonne et l'on dit : mais nous n'avons fait là que ce que nous avions fait à l'aval, pour une quantité d'eau plus grande, cela était donc parfaitement suffisant. C'est là, selon nous, une erreur très-grave, et que nous n'hésiterons pas à combattre malgré l'autorité des noms dont elle s'appuie; erreur du reste bien naturelle, car la question que nous allons examiner est plus nouvelle qu'on ne croit.

Autrefois, en effet, la construction des travaux d'art dans les vallées était bien rare, cela se bornait à quelques ponts, presque toujours situés dans des villes entre des murs de quai, donnant pour ainsi dire la mesure du débouché convenable. L'industrie, à peu près stationnaire pendant tant de siècles, ne réclamait d'ailleurs en fait de ponts que des reconstructions, dans lesquelles la question de débouché se trouvait résolue par celui qui existait. Les anciens Ingénieurs n'ont donc considéré la question du débouché des ponts qu'au point de vue de la solidité de l'ouvrage. Suivant eux, un pont a un débouché suffisant, quand les eaux ne produisent pas d'affouillement au pied de ses fondations, ce qui conduit à l'augmenter avec la quantité d'eau qu'il doit débiter et à prendre pour exemple les ponts exécutés sur la même rivière dans des emplacements voisins.

« Le débouché d'un pont qu'on projette, dit Gauthey, » est moins difficile à bien déterminer, lorsqu'il existe près » de son emplacement d'autres ponts sur la même rivière, » alors on a soin de mesurer pendant les crues la section » du fleuve au passage de ces ponts et d'observer la vi- » tesse de l'eau et la chute qui se forme ordinairement en » amont, au moyen de comparaisons fournies par ces » données, on peut quelquefois fixer le nouveau débou- » ché d'une manière assez exacte. » Depuis Gauthey, beaucoup d'Ingénieurs ont reproduit et appliqué cette méthode de détermination de débouché que nous ne croyons pas rationnelle.

Suivant nous, la connaissance du débouché des ponts voisins est dans cette question un renseignement d'une utilité très-restreinte. Nous croyons qu'entre deux ponts de 200^m, qui se trouvent parfaitement suffisants à l'amont et à l'aval du point qu'on considère, un pont de 300^m ou 400^m peut se trouver insuffisant, que telles dispositions locales peuvent exiger un pont de 500^m, 600^m ou même davantage; c'est ce que nous allons essayer de faire voir par quelques exemples.

105. Supposons les dispositions locales suivantes (fig. 36):

on a fait en AB un pont de 200^m; là la rivière était encaissée entre deux rives distantes aussi de 200^m et assez élevées pour que les plus grandes crues ne pussent les atteindre. Ce pont n'a eu et ne pouvait avoir aucune influence fâcheuse sur le régime des eaux. Maintenant on veut faire en amont un pont vis-à-vis la ville C, où le profil de la rivière est tout-à-fait différent. Là le courant des grandes eaux est divisé en deux bras, à peu près égaux, de 300^m de largeur, par une île insubmersible, ayant 2 kilomètres de longueur. Le succès obtenu en AB peut engager l'Ingénieur à fermer le bras EH et à établir un pont de 200^m dans le bras DC. Cette solution est d'ailleurs entièrement conforme à l'ancienne théorie. Or voici quelles peuvent en être les conséquences.

Le pont sur DC ayant 200^m, tandis que le bras dans lequel il est établi en a 300, donnera lieu, dans la surface de l'eau, a un pli ξ, calculé d'après les anciennes formules. Les bateaux obligés de franchir cette saillie à la remonte éprouveront une très-grande résistance (*). Mais allons plus loin, et supposons que pour faire disparaître cet inconvénient, on ait donné au pont 300^m de largeur, c'est-à-dire, celle du bras lui-même; il n'y aura plus la dépression ξ, mais il n'en restera pas moins un remous très-

(*) Il ne faut pas perdre de vue qu'à la remonte, les bateaux ont à vaincre non-seulement l'effet du courant, mais celui de la pesanteur décomposée, suivant la pente. Ainsi, si au passage d'un pont il y a chute brusque de 0^m,15, il faut que le tirage soit capable de résister au courant et de soulever le bateau de 0^m,15 sur une petite distance. L'intensité du tirage peut donc devenir aussi forte qu'elle l'est pour une voiture sur une route. Lorsqu'on substitue un étranglement graduel à un étranglement brusque, on donne aux bateaux une facilité semblable à celle que procurent sur les routes les adoucissements de pente par déblais et remblais.

considérable dans ce bras; car si la vitesse est double, la pente deviendra, à peu près, quadruple (*); si la pente du courant était antérieurement de $0^m,40$, de F en G, on aura un remous de $(1^m,60-0^m,40)=1^m,20$ en tête de l'île. La ville C peut être complètement inondée, ainsi que le pays en amont, à une distance d'autant plus grande que la rivière sera plus profonde. On doit remarquer que, dans cette disposition locale, les eaux se trouvent soulevées, même à l'aval du pont, sur une longueur qui dépendra de celle de l'île en aval. Tous les désastres que peut amener une plus grande hauteur dans les crues pourront donc se faire sentir sur une vaste étendue de pays, quoique à ne considérer que la surface de l'eau, aux abords du pont, il n'y ait aucun remous apparent. Des inconvénients, d'une autre nature, pourront même se manifester avec plus ou moins d'intensité, nous voulons parler de ceux qui résulteront d'une augmentation de la vitesse ou d'un changement dans sa direction. Ainsi la vitesse devenant double dans le chenal conservé, il peut y avoir d'énormes affouillements de fonds, des corrosions de rives; les travaux de défense qui avaient suffi jusqu'alors contre une vitesse moitié moindre, pourront être successivement emportés, de là d'énormes dégâts pour les propriétés riveraines, et même pour les travaux publics qui peuvent se trouver le long des rives, tels que quais, chemins de halage, etc., etc. Ce n'est pas tout : le produit de ces affouillements ira se déposer à l'aval, former des îles, changer le régime de la rivière, couvrir les propriétés particulières sur une grande

(*) Pour se rendre compte exactement de la dénivellation qui aurait lieu dans ces circonstances, il faudrait avoir recours aux formules du N° 87, mais nous ne voulons ici qu'apprécier les effets les plus saillants pour en faire comprendre l'importance.

épaisseur et les rendre stériles. De plus l'étranglement du courant qui se trouve en amont et l'épanouissement qui se trouve à l'aval de l'île, auront pour effet d'établir des courants transversaux, en sens contraires, qui pourront attaquer les rives contre lesquelles ils seront dirigés. Examinons enfin ce qui se passera dans le bras de la rivière fermé par une levée insubmersible EH. Il est clair que de l'amont à l'aval de cette levée, l'eau prendra une différence de niveau égale à toute la pente qui existe actuellement entre le point F et le point C, qui serait $1^{m},60$ dans l'hypothèse où nous nous sommes placé. Il y aura donc contre cette levée une pression considérable qui pourrait donner lieu à des filtrations et par suite à une rupture, si cette circonstance n'avait pas été prévue. De plus, si la crête de cette levée n'a été calculée que sur les anciennes grandes eaux, elle sera franchie par les nouvelles, car le remous d'amont sera non-seulement des $1^{m},20$ qui existent en F, mais de la pente primitive de F en D; il faudra donc avoir soin de donner à la levée EHD une hauteur et une épaisseur convenables. Remarquons maintenant que le réservoir EHF contient des eaux plus élevées que le chenal laissé aux eaux courantes, tandis que le réservoir EHG en contient de plus basses. Si dans l'étendue de l'île insubmersible FDG, il se trouve quelques dépressions que les grandes eaux actuelles puissent surmonter, elles se précipiteront des parties plus hautes dans les parties plus basses par un mouvement transversal, en sens inverse, suivant que ces dépressions seront à l'amont ou à l'aval de la route qui fait suite au pont. De là de nouveaux dégâts, de nouvelles avaries pour l'île, sur laquelle ces courants nouveaux ont lieu, pour les rives situées en face; de là de nouvelles difficultés pour la navigation.

Nous n'irons pas plus loin dans l'énumération de tous les inconvénients qui peuvent résulter de l'établissement d'une route et d'un pont de 300^m sur la ligne EHDC, quoique un pont de 200^m se trouve suffisant en aval, dans l'emplacement AB. Au reste, ce n'est pas le pont qui est insuffisant sur la ligne EHDC, car si au lieu de faire un pont de 300^m dans le bras DC, on faisait un pont de 100^m dans chacun des bras, on n'aurait plus qu'un remous très-faible, avec une cataracte assez forte, il est vrai, au passage des ponts, mais qu'on pourrait faire disparaître par des levées de raccordement. Ainsi, on voit que dans cet emplacement, la question de distribution de débouché est bien plus importante que celle de l'étendue.

106. Examinons maintenant d'autres dispositions locales (fig. 37) : à l'étiage et dans les eaux moyennes une autre rivière d'un volume plus considérable passe dans un lit de 500^m de largeur, mais dans les crues il y a débordement, l'eau franchit la rive gauche en GD, et s'élève dans la plaine jusqu'à la limite HCF des terrains submersibles, où elle coule avec une hauteur moyenne de 3^m, ne laissant à découvert qu'une portion de la rive DBE, qui constitue un petit coteau insubmersible de 1500^m de longueur environ. Il s'agit d'établir un moyen de communication dans la direction CBA. Plusieurs ponts de 400^m ayant été établis sur cette rivière, même à l'aval, on croit avoir donné un débouché suffisant en établissant un pont de 400^m en AB, et en élevant une route insubmersible dans la partie CK de la vallée.

La conséquence de ces travaux est évidemment de faire passer le fleuve tout entier dans le bras AB, qui ne débitait qu'une faible partie des eaux de la crue. L'ancienne pente ne suffit plus alors, et il en faudra une d'autant plus forte que la vallée CK débitait un volume plus considérable par rapport à celui qui passait dans le chenal conservé. De là un grand remous dans le canal DBE et dans toute la surface de l'eau en amont.

Nous croyons inutile d'énumérer de nouveau les désastres, les avaries qui peuvent résulter d'une pareille disposition. Tout le pays en amont de la ligne CKBA, et même une partie de celui d'aval, peuvent être inondés sur une grande hauteur. Des villes, des villages, situés en amont, peuvent être submergés, le courant devenu plus rapide, et contrarié par la disposition des îles, des rives, des accidents de la surface du sol et même par les travaux particuliers tels que les fossés, les plantations, etc., etc., ravagera les propriétés, y creusera d'énormes affouillements qui iront se déposer à l'aval.

Nous n'avons indiqué dans ces deux exemples que des dispositions locales assez simples, mais on doit comprendre que la nature en présente de plus compliquées: les bras du cours d'eau, les îles, les parties submersibles et insubmersibles peuvent varier à l'infini dans leurs formes et dans leur nombre; la direction générale du courant, au lieu d'être rectiligne, peut être très contournée (fig. 34) et même changer de direction suivant la hauteur des eaux. Il est donc impossible d'énumérer toutes les circonstances qui peuvent se présenter, et d'indiquer la solution qui convient à chacune d'elles, cette solution pouvant dépendre d'une foule de considérations diverses.

107. Nous avons dit, par exemple, que dans le cas de la fig. 36, un pont de 100^m sur chacun des bras ferait disparaître tous les inconvénients qui proviennent de l'é-

norme remous, occasionné par le pont unique de 300^m dans le bras DC, est-ce à dire que la première solution soit meilleure que la seconde? Nullement. Supposons, d'abord, qu'on ait voulu en même temps améliorer la navigation à l'étiage, pénible en cet endroit, parce que l'eau partagée entre deux bras n'avait plus assez de hauteur dans chacun d'eux; supposons que le fond et les rives du bras conservé soient d'une nature très-résistante, que les propriétés submergées ne consistent que dans quelques masures de peu de valeur et dans quelques prairies qui n'aient rien à souffrir d'une plus ou moins grande hauteur des crues; supposons qu'on attende l'établissement d'un chemin de fer, sur la rive droite, et qu'il y ait grand intérêt à mettre la station dans l'île FDG; en voilà plus qu'il ne faut pour que, sur le même plan, cette disposition, tout à l'heure si vicieuse, devienne excellente. Maintenant supposons que la rivière ne soit pas navigable, que ses rives et son fond se composent d'un rocher excessivement dur qui n'a rien à craindre d'une grande vitesse, que la ville C soit bordée de quais élevés et étroits qui doivent être élargis; rien n'empêche que pour débarrasser les abords du pont, vous ne poussiez les culées en rivière et ne diminuiez encore beaucoup le débouché. Vous aurez beaucoup plus de cataracte, un peu plus de remous, mais qu'importe? La ville est-elle, au contraire, très-basse, ainsi que toute la rive gauche, et bordée de constructions importantes? Il faudra jeter en rivière une digue insubmersible, et ménager l'écoulement des eaux de la ville au moyen d'une longue rigole débouchant fort loin à l'aval? Ce travail exige-t-il trop de dépenses, les intérêts qu'il s'agit de protéger sont-ils trop importants pour les exposer aux chances de rupture d'une digue artificielle : il faudra peut-être élargir et approfondir le bras DC, soit aux dépens de l'île FG, soit aux dépens de la rive CB, peut-être ouvrir un canal de décharge autour de la ville C. Après avoir réfléchi à toutes ces combinaisons, vous reconnaîtrez peut-être que c'est l'autre bras qui doit être donné au courant, et qu'il faut combler celui-ci par le déblai du terrain insubmersible, ce qui fournira à la ville d'immenses terrains pour s'étendre, et vous permettra d'apporter plus facilement des modifications au bras EH, le long duquel ne s'élève aucune construction.

Arrêtons-nous là pour cet exemple, et passons au suivant (fig. 37) : remarquons d'abord que si on veut remédier aux inconvénients de la hauteur du remous, l'agrandissement du débouché du pont, situé en BA, n'aura qu'un résultat insignifiant : en portant de 400^m à 500^m son ouverture, on ne fera guère que diminuer le pli de la surface de l'eau, au passage du pont.

L'enlèvement de tout ou partie du terrain insubmersible DBEK aurait, au contraire, un grand résultat sur la hauteur du remous, surtout le long de la digue CK; mais si ce terrain est large, élevé, si c'est du rocher d'une exploitation difficile, ce système peut entraîner dans d'énormes dépenses. Il en est de même de l'élargissement du bras AB, qui ne serait guère praticable pour une rivière aussi grande que celle que nous supposons, mais qui le serait peut-être pour une plus petite.

On peut percer des ponts dans la levée CK, de manière à se rapprocher de l'ancien état de choses. Mais on remarquera que pour débiter un volume un peu considérable par ce moyen, il faudra avoir recours à de très-longues ouvertures, et par conséquent très-dispendieuses; car l'eau ne coulant sous ces ponts que sur peu d'épaisseur, et presque avec la seule vitesse due à la différence de niveau entre les deux bassins, le débit par mètre courant diminue à mesure que la longueur augmente. Si on suppose que la vitesse de l'eau, dans la vallée, soit de 2^m par seconde avant l'établissement de la levée, et que la différence de niveau, de l'amont à l'aval de la levée, soit de $1^m,60$ après son établissement, on en conclura que la vitesse pour un petit pont de décharge sera de $5^m,60$. A mesure que les dimensions du pont augmenteront, la vitesse de l'eau diminuera de manière à se rapprocher de la vitesse primitive 2^m de la vallée; de sorte qu'un pont de 500^m ne débitera pas le double d'un pont de 250^m et donnera encore lieu à un remous assez considérable. Ainsi, si les circonstances étaient telles qu'on ne pût avoir recours à un autre système pour diminuer le remous, et que ce remous dût avoir les plus grands inconvénients pour des propriétés particulières, pour des travaux publics, canaux, chemins de fer, établis dans les vallées, on voit que cet emplacement pourrait exiger une ouverture de 1000, 1200 et 1500^m et peut-être davantage, tandis qu'un débouché beaucoup moindre suffirait ailleurs.

Il peut se faire, au contraire, que les ponts de décharge ne puissent être établis dans la levée CK; car, outre la dépense considérable qu'ils occasionneraient, ces travaux pourraient avoir des inconvénients plus graves que ceux auxquels on veut remédier. Le courant qui s'établirait au droit de ces ouvertures, nécessairement beaucoup plus rapide que celui qui existait auparavant, pourrait entraîner le terrain sous les ponts, et même en amont et en aval de manière à compromettre leur solidité et à rendre toute culture impossible sur une certaine étendue. Avant d'abandonner ce système, on devrait encore examiner s'il n'y aurait pas lieu, pour diminuer ces inconvénients, d'ouvrir un chenal qui, en donnant plus de hauteur à la section du débouché, permettrait d'en diminuer la largeur, et en fixant le courant dans une direction appropriée à sa destination, empêcherait les dommages de s'étendre sur les propriétés particulières. Ces travaux équivaudraient à un élargissement du bras AB, travail qui sera presque toujours préférable.

Si les principaux dommages ont lieu sur la rive gauche en amont de la levée CK, si c'est là que sont les habitations inondées qu'il faut protéger à tout prix, on pourra être conduit à faire une levée insubmersible de D vers G jusqu'au côteau, d'autant plus qu'elle permettra alors de faire la route CK beaucoup plus basse. Mais cette levée, on le conçoit, ne remédiera en rien aux inconvénients qui ont lieu dans le bras AB, elle pourra, au contraire, les aggraver : ainsi, l'île J, qui avait résisté jusque là, pourra être emportée par l'effet de cette disposition.

Les débordements de la rivière sont-ils peu fréquents? La route CK, n'a-t-elle qu'une importance très-secondaire? Vous pourrez la laisser au niveau de la vallée et vous résigner à quelques rares et courtes interruptions.

Enfin, il faut examiner si la direction choisie pour traverser la vallée, est bien la meilleure; s'il ne serait pas possible de remonter le passage de la route en amont, ou de le descendre à l'aval, en un point où les grandes eaux réunies dans une seule section, seront beaucoup moins influencées par les dimensions ou la disposition du débouché. Le déplacement de la route soulève de nouvelles difficultés auxquelles l'Ingénieur peut opposer une série de combinaisons nouvelles. Mais nous n'en dirons pas davantage sur ce sujet, nous ne voulions que faire voir que cette question du débouché était toute entière du domaine de l'imagination et de l'invention, domaine qui n'a pas de limites; et le peu que nous avons dit doit suffire pour le prouver; car même en se renfermant dans les dispositions que nous avons indiquées, on pourrait en faire sortir un nombre immense de solutions différentes, en les combinant ensemble partiellement. Si la partie insubmersible DBE, ne peut pas être enlevée entièrement, on pourra en enlever une partie, en diminuant les ponts de décharge, en élargissant plus ou moins le bras AB, laisser une partie ouverte plus ou moins longue dans la digue DG, etc....

La question du débouché des ponts est donc plus vaste que ne l'ont pensé ceux qui en ont traité jusqu'à présent. La considération du volume des eaux à débiter est une des données du problême qu'il est bon d'avoir, mais elle est bien loin de suffire, et il faut bien se garder de calculer ce débouché d'après cette donnée unique, ou par analogie, avec le débouché des ponts situés en amont et en aval. Prendre mesure du pont qu'on a à faire dans un emplacement sur un pont qui existe à côté, c'est prendre mesure de l'habit de Pierre sur le dos de son voisin, et courir grand risque qu'il lui aille fort mal. Selon nous la question est toute locale, ce qu'on a fait au-dessus et au-dessous n'apprend rien, ou presque rien, sur ce qu'on doit faire entre les deux, et souvent c'est sur une autre rivière, plus grande ou plus petite, qu'il faut prendre exemple des dispositions à adopter. Chaque localité demande une étude spéciale, et la solution de la question du débouché dépend d'une foule de circonstances particulières. Nous allons essayer cependant de poser quelques principes généraux qui nous paraissent propres à faciliter cette étude.

108. Lorsqu'on doit traverser un fleuve, une rivière, un

cours d'eau quelconque, le débouché qu'il conviendrait le mieux de donner à ce pont, en n'ayant égard qu'au régime du cours d'eau, à la facilité de la navigation et à la solidité de l'ouvrage, serait la distance qui sépare le terrain insubmersible sur les deux rives. Nous nous bornerions à avancer cette proposition, qui nous paraît évidente, si elle n'était contestée.

« Il est dangereux, dit Gauthey, de donner à la rivière » un trop grand débouché : il pourrait dans ce cas se for- » mer sous quelques arches des attérissements, qui ayant » acquis, avec le temps, assez de consistance pour résister » à l'action du courant, obligeraient dans une grande crue » les eaux à se porter de préférence sous les arches qui » seraient restées libres et exposeraient leurs piles à être » affouillées. Il faut en général éviter, par une raison sem- » blable, de composer un pont de deux parties séparées par » une île. Il pourrait se faire que, l'une des deux parties se » trouvant encombrée, tout le courant fût obligé de se re- » porter sous l'autre, ce qui en occasionnerait la destruc- » tion. Les ponts de Charez et de Roanne ont été empor- » tés de cette manière. On voit, au surplus, que les ponts » ne périssent jamais que par le défaut de débouché, et » qu'en dernière analyse, la trop grande diminution de la » section est toujours la cause de leur ruine, soit qu'on » n'ait d'abord donné au pont qu'une trop petite longueur, » soit qu'au contraire, on lui en ait donné une trop » considérable. »

Nous trouvons dans les leçons d'un professeur de l'Ecole des Ponts et Chaussées, les mêmes principes exposés à peu près dans les mêmes termes, et nous savons que les petits débouchés ont encore d'assez nombreux partisans. Nous croyons donc devoir nous arrêter un instant pour combattre une opinion que nous croyons très-dangereuse.

On ne peut lire ce passage de Gauthey, sans qu'une objection se présente de suite à l'esprit : puisque le débouché trop considérable finit par devenir trop petit, à cause des attérissements, il y a nécessairement un moment où ces attérissements, qui se déposent peu à peu, donnent au pont le débouché convenable, et puisque malgré le débouché qui a lieu dans ce moment les attérissements continuent, il est permis d'en conclure que ces attérissements nouveaux se seraient formés quand même le pont n'aurait eu que le débouché restreint qu'on veut lui donner. Cette opinion se refute donc d'elle-même. L'erreur qu'elle renferme tient à ce qu'on suppose que la vitesse de l'eau sous un pont est toujours en raison inverse de son débouché ; or cela n'est vrai que pour la vitesse moyenne qui est celle d'un petit nombre de filets; même avec un débouché très-étranglé, il peut y avoir des filets animés de très-peu de vitesse et qui donnent lieu à des dépôts. Pour qu'il n'y ait pas d'attérissement sous un pont, il ne suffit pas que la vitesse moyenne ne descende pas au-dessous d'une certaine quantité donnée, il faut, comme on le verra plus tard, que la puissance de suspension du courant ne diminue pas, ou que, si elle diminue, cette diminution soit compensée par une augmentation de la puissance d'entraînement. La disposition du lit en amont et en aval a à cet égard une influence bien plus considérable que l'ouverture du pont.

Partout donc où rien ne s'oppose à ce qu'on comprenne tout le terrain submersible dans le débouché du pont, il ne faut pas hésiter à le faire. Si le lit se trouve encaissé entre des murs de quais ou entre des levées qui en limitent la largeur d'une manière précise, si la distance entre ces digues n'est pas telle qu'elle entraîne dans de grands excédents de dépense, le débouché du pont est parfaitement déterminé; donnez 170^m de débouché à votre pont, parce que cette dimension est nécessaire pour que les culées ne fassent pas saillie sur les murs de quai; n'allez pas, parce qu'il y a deux ou trois ponts de 150^m à l'aval, avancer vos culées de 10^m de chaque côté, de peur d'attérissements qui ne viendront pas sous votre pont de 170^m, parce qu'il laisse les choses dans leur état naturel et qui viendraient peut-être sous celui de 150^m, qui aurait certainement pour effet de diminuer la vitesse de certains filets. Mais si la distance des murs de quai, des digues, est telle que vous soyez entraîné dans des dépenses trop considérables par cet excédent de dimension, si vous avez besoin d'établir en rivière des cales d'abordage, des chemins de halage, si les quais doivent être élargis, au lieu de 170^m, vous pourrez descendre à 120^m et même à 100^m, sans qu'on soit en droit de vous accuser d'avoir donné un débouché trop petit. C'est à vous de calculer les conséquences de cette dimension exceptionnelle, sous le rapport des inondations, sous le rapport de la navigation, sous le rapport de la solidité du pont, d'évaluer les dépenses, les pertes qui vont résulter de ce nouveau régime et de les mettre en comparaison avec les avantages que vous attendez du rétrécissement. Ainsi, le débouché peut être différent, suivant qu'il s'agit d'un pont en charpente, d'un pont suspendu et d'un pont en maçonnerie, parce que la dépense de ces divers systèmes de construction est très-différente; plus le système sera dispendieux, plus il sera convenable de diminuer le débouché.

Le cas que nous venons de considérer est le plus simple de tous. Ordinairement, et surtout en rase campagne, les crues s'écoulent en grande partie en dehors du lit des eaux ordinaires sur des étendues considérables, et alors l'Ingénieur est presque toujours obligé de restreindre d'une manière notable le débouché naturel.

C'est alors que le problême se présente avec toutes ses difficultés, et que surgissent une foule de questions à résoudre. Faut-il, par exemple, après avoir établi un pont principal sur le lit des eaux moyennes, percer d'un ou plusieurs ponts de décharge la levée insubmersible qui est à la suite? Cette question, comme toutes les autres de cette nature, ne peut être susceptible d'une réponse absolue. Seulement nous croyons devoir présenter quelques considérations qui nous paraissent de nature à ne faire admettre les ponts de décharge qu'avec une extrême réserve.

109. Supposons qu'on se soit, en effet, arrêté à une solution qui comporte des ponts de décharge. Comment empêcher que des propriétaires, situés à l'amont et à l'aval, gênés par la vitesse de l'eau qui passe sous ces ponts, ne leur opposent des lignes de plantations ou d'enrochements qui en paralysent le débit? Ces propriétaires, en effet, ne sauraient être tenus de laisser passer sur leurs fonds toute l'eau de débordement, dont auparavant ils ne recevaient qu'une faible partie. Ainsi, après avoir dépensé des sommes considérables en travaux d'art, on peut les voir détruits ou annihilés par les propriétaires riverains. C'est ce qui a lieu dans beaucoup d'anciennes levées : des arches de décharge se trouvent aujourd'hui comblées, parce que les propriétaires ayant relevé le terrain, en amont et en aval, ont empêché l'eau d'y passer avec vitesse; des dépôts s'y sont formés, des plantes, des arbres ont poussé, et avec le temps et la bonne volonté des riverains, tout a fini par se remplir. Enfin un terrain soumis à des inondations irrégulières qui endommagent ou enlèvent les récoltes, doit

être considéré comme étant en friche, c'est l'état sauvage; la civilisation tôt ou tard amènera l'endiguement; plus tôt là où les terrains sont plus fertiles, plus étendus, et les crues moins élevées, plus tard dans les autres. Or, l'endiguement rendra inutiles les ponts de décharge, et nécessitera peut-être l'agrandissement du débouché du pont principal. L'Ingénieur doit prévoir ce que ces conjectures ont de probable et de prochain, et modifier son projet en conséquence; si les localités s'y prêtent, des travaux accessoires, en amont et en aval, telles que des levées partant des culées du pont et se dirigeant vers le terrain insubmersible, résoudront presque toujours le problême d'une manière plus heureuse. Nous ne reviendrons pas du reste sur ce que nous avons dit plus haut relativement à toutes les ressources que peut offrir l'art de l'Ingénieur, pour résoudre les difficultés qui se présenteront; nous ne voyons plus de règle générale à suivre, que celle que nous avons donnée, qui consiste à prévoir toutes les conséquences des dispositions qu'on projette.

110. Ce que nous avons dit du débouché des ponts peut se dire de tout ouvrage, de tout travail d'art quelconque établi dans le lit des grandes eaux. Cependant nous croyons devoir présenter quelques considérations particulières sur les endiguements.

Les formules que nous avons données dans les chapitres précédents, détermineront toujours, d'une manière suffisamment approchée, l'exhaussement de la surface des grandes eaux qui résultera d'un endiguement plus ou moins resserré. Mais ce n'est pas là le seul problême à résoudre pour l'Ingénieur chargé de faire le projet d'endiguement sur une certaine étendue de rivière. La première question qui se présente est de savoir quel débouché il faut réserver aux eaux, quelle distance il faut laisser entre les deux levées sur les rives. Ici, comme pour les ponts, il n'y a pas de réponse absolue possible. Le but de l'endiguement est de mettre à l'abri des inondations accidentelles, soit des terrains déjà cultivés ou en friche, soit des propriétés bâties. Plus les digues seront avancées dans le lit des grandes eaux, plus on gagnera de terrain et plus le résultat sera avantageux; mais plus aussi les crues s'élèveront entre les digues, plus il faudra les exhausser, les consolider, et les prolonger en amont, si on ne veut pas, en protégeant certains terrains contre les inondations, leur en livrer qui seraient peut-être plus précieux. Il y a donc ici, pour résoudre la question, une comparaison à faire entre les avantages et les inconvénients. Les digues doivent s'élever ou se rapprocher plus ou moins, suivant que les terrains qu'elles peuvent protéger, sont plus ou moins précieux, suivant que leur construction est plus ou moins dispendieuse. Chargé de continuer vers l'aval un endiguement déjà exécuté à l'amont, ne considérez donc pas la largeur donnée à l'endiguement supérieur, comme un minimum au-dessous duquel vous ne pouvez descendre : si des terrains précieux se présentent, si de nombreuses propriétés bâties se trouvent dans le lit actuel des grandes eaux, ne les laissez pas en dehors de l'endiguement pour conserver une largeur qui peut être motivée à l'amont, mais qui ne le serait plus à l'aval; relevez au besoin ces digues d'amont, si leur prolongement ou leur rétrécissement n'a pas été prévu. Chargé, au contraire, de prolonger vers l'amont un endiguement déjà exécuté à l'aval, élargissez le débouché, reportez vos digues vers le coteau pour qu'elles soient moins dispendieuses, si vous ne rencontrez que des terrains moins précieux à protéger. Il résulte de ce principe général que l'endiguement d'une rivière peut présenter dans son étendue une série d'élargissements et de rétrécissements parfaitement motivés, qu'un endiguement avec levées parallèles loin d'être la perfection à laquelle doive viser l'Ingénieur, est presque toujours la preuve que les circonstances locales n'ont pas été étudiées; car la nature n'offre certainement nulle part cette régularité de distribution d'intérêts qui amènerait une ligne droite pour solution.

Si on se rappelle ce que nous avons dit plus haut sur les circonstances qui déterminent la hauteur des crues, on reconnaîtra qu'un endiguement ne peut avoir pour but de mettre le pays endigué à l'abri des inondations, d'une manière complète et définitive. Il ne peut être question que des crues les plus ordinaires, on ne se préoccupera des crues extraordinaires et des crues possibles qu'autant que les intérêts qu'on aurait à protéger seraient très-considérables ou que les travaux de défense seraient peu dispendieux. Ainsi, la hauteur des digues et leur distance ne dépendent pas uniquement de la hauteur des crues, mais d'un foule de circonstances locales qu'il serait impossible d'énumérer d'une manière complète : on fera rationnellement, pour une ville importante, des digues plus élevées que pour un village ou pour de simples terrains d'agriculture. Rien n'empêche donc que dans un endiguement d'une certaine étendue, on ne projette des levées à des hauteurs très-différentes. Cependant nous croyons devoir à cet égard appeler l'attention sur quelques conséquences fâcheuses qui peuvent résulter d'un défaut de relation entre les hauteurs d'un endiguement.

Un endiguement divise les rives en autant de parties

différentes que les levées rencontrent de fois le terrain insubmersible; la surface comprise entre deux points des levées d'attache consécutifs, constitue un système particulier, indépendant du système supérieur et du système inférieur. Ainsi, par exemple, la digue *lmn* (fig. 38), qui touche le terrain insubmersible en *l*, *m* et *n*, donne deux portions de territoire tout-à-fait indépendantes. Si dans la portion de vallée *lCm*, il y a des intérêts beaucoup plus considérables à préserver que dans la portion inférieure *mn*, la digue *lm* pourra être plus haute que la digue *mn*; mais dans chacune des parties *lm* ou *mn*, la hauteur de chaque point de la digue n'est plus arbitraire, et il ne serait pas rationnel de tenir la partie inférieure de la digue *mn* plus élevée au-dessus des grandes eaux que la partie supérieure, il pourrait résulter de cette disposition de très-graves accidents. Examinons, en effet, quelles seront les conséquences d'une brèche qui se formera dans cette levée *mn*. Si cette brèche a lieu en *b*, dans la partie inférieure de la digue, les eaux se précipiteront dans la partie endiguée, et y occasionneront des dégâts qui pourront être considérables; ainsi, si les crues du fleuve étaient autrefois de 5^m et que l'endiguement les ait portées à 6^m, toute la partie inférieure de la vallée subira d'abord une inondation beaucoup plus élevée que si elle n'avait pas été endiguée; des propriétés qui n'auraient pas été atteintes par les eaux, le seront par le fait de l'endiguement, ensuite le désastre s'accroîtra encore, parce qu'il arrivera subitement et que les populations n'auront pas toujours le temps d'enlever leurs meubles et même de fuir, ce qui peut toujours avoir lieu lorsque les crues du fleuve se répandent librement sur les rives. Mais quelque grands que soient ces désastres, il le sont beaucoup moins que quand la brèche se forme en *b'* à l'amont de la levée. En effet, les eaux qui entrent par cette brèche, causent d'abord à l'amont de l'endiguement des dégâts tout-à-fait semblables à ceux que nous venons de décrire pour l'aval; ensuite ces eaux se précipitent dans la partie inférieure où elles s'accumulent et peuvent s'y élever à une hauteur considérable, si une brèche de rentrée ne se forme pas promptement à l'aval vers *b*. Supposons, en effet, qu'à l'aval la digue soit beaucoup plus élevée, relativement aux grandes eaux qu'en amont, il est clair que les eaux pourront s'élever dans la partie inférieure de ce réservoir au niveau où se trouve la rivière vis-à-vis la brèche d'entrée *b'*; si, par exemple, la pente de cette rivière est de $0^m,25$ par kilomètre, si la distance de la brèche à la partie inférieure de l'endiguement est de 12 kilomètres, les eaux pourront atteindre dans cette partie un niveau de 3^m plus élevé que celui où elles se trouvent dans la rivière vis-à-vis l'aval de l'endiguement. Rarement, il est vrai, une pareille différence pourra exister, parce qu'avant d'atteindre ce niveau les eaux rentreront en rivière, d'abord par dessus la levée, et ensuite par une nouvelle brèche qui ne manquera pas de se former à l'aval; mais cette rentrée ne peut s'opérer, qu'autant qu'il existe une différence de niveau assez sensible entre les eaux retenues et les eaux de la rivière, de sorte qu'il peut fort bien arriver qu'elles s'élèvent en deçà de la digue beaucoup plus haut que dans le lit même de la rivière, de 1 mètre à 2 mètres par exemple : les dernières inondations de la Loire en ont fourni plus d'un exemple. On voit donc combien il importe que la levée ne soit pas plus haute en aval de l'endiguement qu'en amont, que ce serait souvent une bonne précaution d'avoir à l'aval une ouverture éclusée, assez grande pour que les eaux d'amont puissent rentrer en rivière, sans s'élever trop haut et sans former une nouvelle brèche. Lorsqu'un endiguement a une certaine étendue, il se termine presque toujours à l'aval par un pont éclusé destiné à donner en temps ordinaire l'écoulement aux eaux de cette partie de la vallée; en temps de crue, les portes ou vannes de ce pont sont fermées. On pourrait augmenter considérablement l'utilité de ces ouvertures en leur donnant des dimensions plus considérables, et en disposant le système de fermeture de manière à ce qu'il s'ouvrit de lui-même toutes les fois que les eaux de l'intérieur de la vallée s'élèvent à un niveau plus élevé que dans la rivière.

Malgré les désastres épouvantables qu'occasionne la rupture des levées d'endiguement, quelques personnes ont cru devoir combattre les mesures prises pour rendre ces ruptures moins fréquentes; elles ont prétendu que si ces ruptures n'avaient pas lieu, les pays inférieurs seraient complètement inondés et qu'en évitant quelques désastres à l'amont, on en occasionnerait de plus considérables à l'aval. Nous ne croyons pas cette opinion fondée. Les brèches qui se forment dans les endiguements d'amont ont peu d'influence sur la hauteur des crues en aval; pour se rendre compte de leur effet, il suffit de mettre en comparaison le volume d'eau que peuvent contenir les portions de terrain endiguées et l'énorme volume que débite un grand fleuve dans les crues. Ainsi, pour la Loire, ce volume est évalué à 10000^{m} cubes par seconde dans sa partie supérieure; imaginons maintenant que tout-à-coup soit ouvert un réservoir de 15 kilomètres de longueur sur 6 kilomètres de largeur, et que les eaux puissent s'y élever à 2 mètres de hauteur moyenne : le volume d'eau contenu dans ce réservoir sera de $180.000.000^{m}$

cubes, et équivaudra au produit de la Loire pendant cinq heures; mais ce réservoir mettra, en réalité, beaucoup plus de temps à se remplir, car une partie seulement de l'eau du fleuve sera détournée de son cours et le reste suivra le lit ordinaire. Supposons que cette opération dure vingt-quatre heures, il s'ensuivra que, pendant ces vingt-quatre heures, le pays situé à l'aval recevra un volume d'eau moindre que si la brèche ne s'était pas formée, mais, après ces vingt-quatre heures, le bassin étant rempli et la partie supérieure du fleuve fournissant le même volume, tout reviendra dans la situation où cela se trouvait auparavant. A l'aval de la brèche, l'ouverture du réservoir n'aura donc d'effet pour baisser la hauteur de la crue, que dans le cas où la brèche se formerait au moment où la crue atteint son maximum et où ce maximum ne durerait que 24 heures; or, il sera fort rare que ces deux circonstances se trouvent réunies à la fois, les brèches s'ouvrent souvent plusieurs jours avant que la crue soit arrivée à son maximum, et alors leur influence sur ce maximum, en hauteur et en durée, est à peu près nulle, ensuite il est très-rare que le maximum ne dure que vingt-quatre heures. Nous venons d'examiner l'effet de l'ouverture du réservoir sur la partie du fleuve immédiatement à l'aval; sur la partie plus éloignée, cet effet se trouve encore atténué par les affluents, soit que dans le moment ces affluents concourent à la crue par leur produit, soit qu'ils la diminuent en jouant le rôle de réservoirs. En effet, le maximum de crue ne descend pas le long d'une rivière d'une manière régulière et proportionnelle, par exemple, à la vitesse de l'eau; au-dessous de la rencontre de chaque affluent, le maximum a lieu, non pas au moment où le cours d'eau principal est à son maximum, mais au moment où la somme des produits des deux cours d'eau est au maximum : or, ce moment peut différer de plusieurs jours à la rencontre de chaque affluent. Il peut même arriver que le réservoir supérieur augmente la crue dans la partie inférieure; car l'effet de ce réservoir étant de diminuer le produit pendant la partie ascendante de la crue, et de l'augmenter pendant la partie descendante, il s'ensuit que là où le maximum aura lieu pendant la baisse du cours d'eau principal sous l'influence de la crue d'un affluent, le maximum de la crue se trouvera relevé par l'écoulement des eaux du réservoir. En résumé, l'inondation de certaines parties endiguées n'est que très-rarement un préservatif pour les parties inférieures. Il serait d'ailleurs impossible d'établir un système rationnel d'endiguement sur un pareil principe. Empêchera-t-on les propriétaires des terrains supérieurs endigués de défendre leurs digues en cas de crue, ou même de les élever d'une manière définitive à leurs frais, en leur disant : il faut qu'en cas d'une grande crue votre digue puisse être emportée, vos maisons puissent être détruites, dussiez-vous périr vous-même, pour préserver tel village ou telle ville située au-dessous? Ne seraient-ils pas en droit de répondre que rien n'empêche ce village ou cette ville de relever ses digues et de faire comme eux; qu'on ne peut les astreindre à rester exposés à un danger continuel pour préserver de ce même danger d'autres parties du territoire où des précautions semblables pourraient être prises. Il est donc impossible de compter sur l'ouverture de ces réservoirs accidentels, pour préserver les parties inférieures de grandes inondations. C'est par des mesures directes et spéciales que ce fléau doit être combattu sur chaque point. Cependant, il va sans dire que tout l'ensemble de l'endiguement doit être coordonné de manière à concourir au même but; il serait même à désirer que tout le terrain sujet aux inondations fut soumis à une espèce de servitude, qui obligerait les propriétaires à n'y rien exécuter sans l'autorisation de l'administration, car tout travail public ou particulier, établi sur ce terrain, a pour effet de modifier le régime des grandes eaux et peut avoir des conséquences désastreuses. Ainsi, il n'est pas nécessaire d'établir un pont en DC (fig. 36) pour produire une partie des désordres que nous avons considérés, il suffit de fermer le bras EH d'une manière quelconque, de s'en emparer pour y établir un canal latéral, d'avancer un chemin de fer, une digue, un chemin de halage insubmersibles sur l'île FDG. De même dans l'exemple suivant (fig. 37), sans qu'il soit construit de pont AB et de route CK, tout travail sur la ligne GD qui rendra la rive insubmersible occasionnera un remous considérable dans le bras AB; un arbre même planté dans le lit des grandes eaux courantes, fait naître une force retardatrice qui donne lieu à un remous, très-faible il est vrai, mais qui peut devenir très-sensible, si au lieu d'un arbre il y en a plusieurs centaines ou plusieurs milliers. Pour que tous ces travaux fussent dirigés vers un but commun, pour qu'ils ne se nuisissent pas les uns aux autres, ne devraient-ils pas être soumis à une législation spéciale, qui serait sans contredit beaucoup plus efficace que le reboisement du sol?

111. Dans toutes les questions que nous avons examinées jusqu'à présent, nous avons toujours supposé que le lit du cours d'eau était stable, ce qui permet de se rendre compte d'une manière plus ou moins exacte de la hauteur de l'eau dans toute l'étendue du canal, soit que la section ait été modifiée par des travaux artificiels, soit qu'elle ait été conservée dans son état naturel; mais il arrive souvent que la section du canal varie indéfiniment, sous l'influence de la vitesse de l'eau. Sur un point, les rives ou le fond attaqué par un courant plus rapide, cède à cette action et donne une section plus large ou plus profonde que celle qu'on avait établie; sur un autre point, des dépôts nombreux viennent au contraire rétrécir la section. Après les crues, on trouve souvent de nombreux hauts fonds emportés et de nombreux attérissements formés, de manière que là, où le sable s'élevant à 1^m ou $1^m,50$ au-dessus de l'étiage formait une espèce d'île au milieu du courant, on trouve après la crue une profondeur de 3 à 4^m, et réciproquement. Les grandes eaux ont-elles coulé dans la section qu'on avait avant la crue ou dans celle qu'on trouve après? Faut-il croire avec beaucoup d'ingénieurs, que pendant les crues tous les hauts fonds sont emportés et que le fond du lit se trouve alors parfaitement aplani? (*M. Minard, page 20*)

On voit que les rivières, à fond mobile, présentent des difficultés spéciales qui viennent s'ajouter à toutes celles dont nous avons parlé. Ce ne sont plus les eaux seulement qui se meuvent, c'est le lit dans lequel elles coulent; il y a là un double mouvement à prévoir et à calculer. Ajoutons que celui du lit est d'une nature beaucoup plus compliquée: l'eau est un corps parfaitement homogène dans toute son étendue, les propriétés qui conviennent à sa surface, conviennent à toutes les profondeurs; le lit et les rives sont composés de parties plus ou moins grosses, plus ou moins mobiles, plus ou moins agglutinées. Or nous avons vu combien l'analyse se trouvait impuissante pour apprécier toutes les circonstances du mouvement de l'eau, combien il fallait sacrifier l'exactitude pour qu'elle pût employer les données de l'expérience, et les transformer en résultats applicables à la pratique. On ne doit donc pas s'attendre à être plus heureux avec un système de corps, dont la nature et les liaisons sont beaucoup plus compliquées. Aussi, ne possède-t-on à cet égard que quelques données incertaines et quelques principes douteux, dont nous allons faire un court examen, en essayant d'y ajouter quelques notions nouvelles.

112. L'eau en coulant sur son lit le tire vers l'aval avec une force précisément égale à la résistance qu'elle éprouve; si le fond est composé de particules peu adhérentes entre elles, elles seront entraînées par cette force. C'est là un phénomène qui se conçoit parfaitement et qui est d'ailleurs parfaitement visible: « si on observe attentivement le fond » dans plusieurs rivières peu profondes, quand l'eau est » claire, on aperçoit le sable marcher dans le sens du » courant, ce mouvement se voit facilement dans la Loire » (*M. Minard, Navigation des Rivières, page 15*). Non-seulement le sable et le gravier, mais des pierres de forte dimension sont ainsi entraînées, lorsque la vitesse est considérable; il n'y a guère d'Ingénieur qui n'ait été à même de constater ce fait par le déplacement des enrochements jetés dans des courants rapides; enfin les nombreux affouillements qui se produisent presque toujours autour des fondations des ouvrages hydrauliques, ne peuvent laisser aucune espèce de doute sur cette puissance d'entraînement que possède l'eau animée d'une certaine vitesse. Mais on ignore quelles sont les limites de cette puissance; ainsi il est bien constant qu'une couche de sable est entraînée par le courant de la Loire, mais on ne sait pas quelle est l'épaisseur de cette couche, quelle est sa vitesse par rapport à celle de l'eau. S'il fallait s'en rapporter à quelques expériences de Dubuat, desquelles il résulterait qu'avec une vitesse de $0^m,30$ le sable ne parcourt que 2 kilomètres par an, et qu'avec une vitesse de $0^m,60$ il n'en parcourt encore que 13, nous dirions que cette puissance d'entraînement, qui peut à la longue produire par son action constante des effets très-appréciables sur un point déterminé du lit, ne pourrait en produire que de très-faibles sur l'ensemble, puisqu'il ne s'agirait que d'une couche de sable très-mince et ayant une vitesse presque insensible. Quoi qu'il en soit, il y a une autre action de l'eau beaucoup plus puissante dans les terrains mobiles, et sur laquelle on n'a pas suffisamment insisté, selon nous. Cette action, que nous appellerons puissance de suspension, se révèle dans une foule de phénomènes qui ne peuvent laisser aucun doute, ni sur son existence, ni sur son énergie.

« Les graviers sont transportés, non-seulement sur le » fond du lit dit *M. Minard* (*page 17*) mais encore enle- » vés et jetés sur les rives: les digues de la Garonne sont » quelquefois rompues par les crues, et après la retraite » des eaux, on trouve des volumes de 6 à 8000^m de gra- » vier sur les terres cultivées. J'ai vu des masses de sable » aussi considérables qui, après avoir passé par les brèches » que la Loire avait ouvertes à travers ses digues, recou- » vraient les terrains fertiles de l'île de Chalonnes, elles » avaient 2 ou 3^m de hauteur au-dessus de l'étiage. »

Nous pourrions, s'il en était besoin, confirmer, en ce qui concerne la Loire, les faits cités par M. Minard, par de nombreux faits semblables, mais ils nous paraissent trop connus pour qu'ils puissent être contestés.

Puisque les eaux déposent sur les rives, à 2 ou 3^m au-dessus de l'étiage, des masses énormes de gravier, de sable, c'est qu'évidemment ces graviers, ces sables étaient en suspension dans l'eau : le gravier ou le sable traîné sur le fond ne pourrait franchir les brèches, et venir se placer en masse de plusieurs mètres d'épaisseur sur un terrain plus élevé que le fond. Il n'y a d'autre explication possible du phénomène, que la suspension des matières solides dans l'eau courante. On peut d'ailleurs facilement s'assurer de cette propriété des liquides et des fluides, par des expériences excessivement simples; nous disons des fluides, car les gaz jouissent de la même propriété : on voit le vent soulever des tourbillons de poussière, et dans les pays sablonneux emporter le sable lui-même à de grandes hauteurs, en produisant des effets complètement analogues à ceux que nous venons de citer.

113. Si au fond d'un vase rempli d'eau on place un mélange de corps solides, tels que du gravier, du sable, de la terre, et qu'on imprime à l'eau un mouvement circulaire rapide, et puis qu'on la laisse revenir à l'état de repos, on pourra observer une série de faits qui nous paraissent jeter un grand jour sur la question qui nous occupe. D'abord on reconnaîtra immédiatement que de l'eau ainsi agitée a la propriété de tenir en suspension des matières solides qui à l'état de repos se précipitent; ensuite qu'il y a un certain rapport entre la vitesse de l'eau et la quantité de matières suspendues, car le dépôt de matières solides qui reste immobile au fond, diminue à mesure que la vitesse de l'eau augmente. On reconnaîtra de plus que les matières solides tendent à se séparer suivant une loi qu'il sera facile de reconnaître, c'est-à-dire que les diverses particules se maintiendront d'autant plus élevées qu'elles seront plus tenues; de plus, ces particules sont plus nombreuses dans les couches inférieures que dans les couches supé-

rieures. A mesure que le mouvement se ralentit, les particules solides descendent successivement de couche en couche, et finissent par se précipiter complètement quand le repos est rétabli.

114. Tous ces phénomènes démontrent que, si la résultante des pressions d'un fluide en repos sur un solide qui y est plongé, est égale au poids du fluide déplacé, celle d'un fluide agité, d'une eau courante, est beaucoup plus considérable. Or il n'est pas impossible de se rendre compte d'une manière satisfaisante de cette espèce d'anomalie. Remarquons d'abord que la cause du phénomène n'est pas la vitesse de l'eau, quoique cette circonstance l'accompagne presque toujours. L'état de repos n'est, en effet, qu'une abstraction mathématique qu'on peut concevoir, mais non réaliser, puisque tous les corps prennent part au double mouvement de la terre : l'eau stagnante des étangs, qui n'est stagnante que pour l'observateur placé sur la terre, peut avoir une vitesse absolue, plus considérable que celle des torrents les plus rapides. Ce n'est donc pas de la vitesse absolue des fluides, mais de la vitesse relative de leurs molécules, que résulte cette puissance de suspension. Si tous les filets avaient une vitesse égale, ils se comporteraient, par rapport à un solide, comme s'ils étaient en repos. On remarquera d'ailleurs que, dans l'expérience précédente, les filets de surface qui ont le plus de vitesse absolue ne sont pas ceux qui tiennent, le plus de solides en suspension, que ce sont les filets des couches inférieures, qui, quoique ayant moins de vitesse absolue, ont plus de vitesse relative. On verra, tout-à-l'heure, qu'il en est de même dans les grands cours d'eau.

Considérons maintenant un corps flottant sur la surface d'un cours d'eau dont la vitesse des filets va croissant du bord vers le centre, et supposons-le placé d'abord près de la rive. Il est clair qu'en vertu de la composante P*i* suivant l'inclinaison du courant, ce solide tend à prendre une vitesse accélérée, mais qui devient uniforme par suite de la résistance que lui oppose le liquide. Cette vitesse sera plus grande que la vitesse moyenne des filets qui entourent le flotteur, car il faudra que le flotteur trouve en avant une résistance capable de faire équilibre à la pression des filets qui vont plus vite que lui et à la quantité P*i*. La plus grande partie du liquide, en avant du corps solide, est donc obligée de passer derrière (fig. 39); une très-petite partie seulement de celui qui est derrière, passe en avant. De sorte que si on considère les vitesses relatives des filets qui environnent le corps, par rapport à la vitesse du corps solide, on verra que du côté de la rive doit se former un courant rétrograde beaucoup plus volumineux que le courant direct du côté du large; de là sur le corps une pression latérale qui le pousse vers les filets plus rapides, dans lesquels il doit trouver moins de résistance. Le principe de la moindre action nous conduirait, du reste, à la même conclusion : puisque le fluide oppose au mouvement du corps solide une résistance variable suivant la direction, cette direction sera nécessairement celle qui offrira le moins de résistance; or il est facile de voir (fig. 39) qu'en suivant une ligne A*b'* inclinée vers l'axe, le solide trouvera moins de résistance que dans la direction A*b*, parallèle à l'axe, car la vitesse du filet qui passe en *b'* étant plus grande que celle du filet A*b*, la différence de vitesse du solide et du liquide sera moins considérable, dans la première direction que dans la seconde (*).

La différence de vitesse des filets, en faisant passer des courants inégaux à droite et à gauche du corps, engendre donc une force qui le pousse du côté des filets les plus rapides. C'est ce que confirme du reste l'expérience de tous les jours : on voit, en effet, les corps flottants qui se détachent des rives, venir se placer dans l'axe du courant. Or, si nous imaginons maintenant un corps solide plongé dans un courant, nous reconnaîtrons que la vitesse relative des filets dans le sens vertical, engendrera de même une pression qui le portera du côté des filets les

(*) Soient U la vitesse du solide dans le sens transversal, V dans le sens longitudinal, w la vitesse du filet Ab, w' celle du filet A'b', on pourrait, comme approximation, considérer la résultante des deux résistances qu'éprouve le corps comme proportionnelle à une puissance de sa vitesse relative par rapport au liquide, qu'on peut exprimer par :

$$\sqrt{U^2+V^2} - \frac{(w+w')}{2}$$

Mais $w'=w+tU$, en appelant t l'inclinaison de la tangente de la courbe des vitesses des filets de la surface au point considéré, quantité proportionnelle à leur vitesse relative. Mettant cette valeur dans l'expression précédente et différentiant pour trouver la valeur de U qui donne un minimum, on trouve :

$$U = \frac{t}{2}\sqrt{U^2+V^2}$$

d'où on peut conclure que la vitesse du solide dans le sens transversal croît proportionnellement à cette quantité, ou à la vitesse relative des filets. Elle est donc plus forte près du bord que près du centre.

plus rapides, c'est-à-dire, qui agira de bas en haut. Cette pression pourra être plus faible que le poids du corps, qui alors descendra jusqu'à ce qu'il rencontre une couche où la pression fasse équilibre à la pesanteur; ce qui arrivera nécessairement si le courant est assez profond, car à mesure qu'il descend, la vitesse relative des filets augmente et avec elle la pression de bas en haut. Si la pression est, au contraire, plus forte que le poids du corps, elle le soulèvera dans des couches qui, quoique ayant des vitesses absolues plus considérables, ont des vitesses relatives de plus en plus faibles, de sorte que le corps solide s'arrêtera nécessairement à une certaine hauteur.

115. Si on imagine donc un courant d'une profondeur indéfinie, et des solides d'une densité déterminée et de volume croissant par degrés insensibles, on voit que ces solides se distribueront dans les couches de haut en bas, suivant l'ordre de leur volume; les couches supérieures du liquide ne porteront que les matières les plus tenues, parce que les filets y ont des vitesses sensiblement égales, et les couches inférieures des solides de volumes de plus en plus considérables. On remarquera que le volume d'un corps en lui faisant embrasser des couches plus nombreuses et par conséquent de vitesses plus différentes, est une cause de suspension; ainsi, à égalité de poids, de deux solides celui qui aurait les plus fortes dimensions se tiendrait plus élevé, mais pour des solides semblables et de même densité, le poids croissant comme le cube des dimensions, les plus volumineux descendraient dans des couches beaucoup plus basses.

Jusqu'à présent nous n'avons considéré que l'équilibre d'un corps solide isolé dans une eau courante; nous croyons avoir fait comprendre comment dans cette position ce corps solide, plus dense que l'eau, pouvait s'y tenir suspendu par l'effet du courant inférieur qui le presse de bas en haut. Mais si on imagine en avant ou en arrière, et à une petite distance de ce corps solide un autre corps semblable, on comprendra facilement que l'énergie du courant inférieur pourra en être diminuée, de sorte que ces deux corps seront obligés de descendre dans des couches à vitesse relative plus grande, où s'établira sous eux un courant aussi énergique que celui qui existait précédemment dans la couche supérieure pour chaque corps isolé. De là ce nouveau principe : qu'un corps solide, eu égard à sa distance à d'autres corps solides voisins, peut se trouver en équilibre dans une couche inférieure à celle où il se tiendrait, s'il y était isolé. Mais c'est là une position d'équilibre instable, le corps montera ou descendra, si les corps voisins s'éloignent ou s'approchent. Si donc maintenant, dans le courant de profondeur indéfinie que nous imaginions tout-à-l'heure, nous supposons immergés des corps solides tous égaux en poids et en volume, il arrivera que les couches en tiendront d'autant plus en suspension qu'elles seront plus profondes; ainsi, d'abord une certaine épaisseur de liquide à partir de la surface pourra ne contenir aucun corps solide, puis viendra une couche qui en contiendra à une distance telle qu'ils n'aient aucune action les uns sur les autres, puis une couche où ces corps plus rapprochés atténuent la sous-pression de manière qu'elle ne dépasse pas leur poids, et ainsi de suite....

De l'ensemble des faits et des considérations que nous venons d'exposer, résultent les principes suivants :

L'eau courante peut tenir en suspension des solides beaucoup plus denses qu'elle.

La puissance de suspension dépend de la vitesse relative des filets, et est d'autant plus considérable que cette vitesse relative est plus grande. En général elle est en rapport avec la quantité $\frac{dv}{dz}$, *de sorte que les couches inférieures d'un courant peuvent porter des solides plus volumineux ou plus nombreux.*

La puissance de suspension d'une couche est limitée, c'est-à-dire qu'un mètre carré ne peut contenir qu'un certain nombre de solides d'un volume déterminé. Ainsi il y a pour chaque couche un degré de saturation différent.

116. A l'aide de ces principes, on peut se rendre compte de la manière dont se comportent les cours d'eau naturels, relativement aux alluvions qu'ils déposent ou qu'ils entraînent.

Un cours d'eau de faible dimension, à moins que sa pente ne soit très-considérable, ne peut tenir en suspension que des matières très-tenues. Car comme nous l'avons vu (N° 28) on a dans un rectangle :

$$\frac{dv}{dz} = -\frac{1}{\varepsilon}\frac{L}{L+H}iz.$$

Or, la profondeur H n'étant pas très-considérable, la vitesse relative dv ne pourra atteindre l'intensité nécessaire pour que des corps solides restent en suspension. Supposons, par exemple, un ruisseau dont la demie largeur $L=H=1$: si nous le comparons à un fleuve de 5^m de crue, nous conclurons de l'équation précédente que le ruisseau ne pourra tenir en supension que les troubles qui se trouvent dans le fleuve à $0^m,50$ de la surface, si la pente du ruisseau est la même que celle du fleuve; que pour porter les graviers qui se trouvent dans les couches du fond du fleuve, il faudrait que la pente du ruisseau fut dix fois plus considérable. Nous disons porter et non pas rouler, car ce sont deux actions tout-à-fait différentes; la première dépend de la vitesse relative des couches, la seconde de la vitesse absolue. Or la vitesse absolue dans le ruisseau et dans le fleuve peuvent ne pas beaucoup différer. Sous ce rapport, le fleuve et le ruisseau se comportent donc à peu près de la même manière.

A mesure que la profondeur, la largeur, la pente du ruisseau augmentent, sa puissance de suspension augmente aussi; il était limpide dans son canal étroit et sinueux, ses eaux deviennent troubles, lorsque débordé il coule dans un canal plus large, plus droit et plus profond. Enfin lorsque la pente, la hauteur, la largeur atteignent certaines limites nous aurons les phénomènes que nous avons signalés plus haut : dans les couches les plus basses des cailloux, au-dessus des graviers, au-dessus du sable, enfin vers la surface une vase très-tenue; de là des dépôts de nature tout-à-fait différente, suivant que les terrains inondés reçoivent à leur surface des couches plus ou moins profondes. Ces terrains sont-ils élevés de manière à n'être accessibles que pour les couches supérieures du fleuve? Ils ne se couvriront que d'un léger limon qui augmentera la fertilité du sol. Si les terrains sont bas au contraire, si le fleuve rompant les digues qui le contenait, les a envahis avec presque toute sa hauteur, il y déposera les sables, les graviers, les cailloux que ses couches inférieures tiennent suspendus. On voit que la nature, l'épaisseur, l'étendue du dépôt pourront varier à l'infini suivant les circonstances locales.

117. Voyons maintenant ce qui se passe dans le lit d'un grand cours d'eau à fond mobile. Supposons d'abord pour plus de simplicité que la section et la pente soient régulières. Le liquide vers la source s'est saturé d'une certaine quantité de sable, de gravier et de cailloux qu'il transporte avec lui; toutes ses couches étant saturées, la section et la pente constantes, il ne déposera ni ne prendra rien sur sa route, et portera directement à l'embouchure ce qu'il aura pris dans les parties supérieures.

Supposons maintenant que la section varie. L'effet de ce changement sera d'altérer la courbe des vitesses dans chaque point, et par suite la puissance de suspension du courant; de là des dépôts ou des affouillements sur tous les points où la puissance de suspension subira de grandes variations. Si, par exemple, la puissance de suspension en amont est représentée par 10, et que par suite du changement de section elle tombe à 8, il est clair que le cours d'eau qui portait 10 mesures de gravier par seconde n'en pouvant plus porter que 8, en déposera 2 : de là un haut-fond qui s'élèvera d'autant plus que la crue aura plus de durée; cependant remarquons qu'à mesure que le dépôt s'élève, la pente augmente dans cette partie du cours d'eau et avec elle la puissance de suspension, de sorte que le dépôt ne peut croître indéfiniment. Si un second changement de section survient à la suite du premier, et qu'il ait pour résultat d'élever la puissance de suspension du courant à 10, 12, 13, il est clair qu'à chaque seconde de temps, le courant enlèvera 2, 4, 5 mesures de sable et qu'un approfondissement se formera dans cette partie du lit, approfondissement suivi d'un nouveau dépôt si la puissance de suspension vient à diminuer. Il résulte de là que la formation d'un dépôt ou d'un affouillement ne dépend pas seulement de la section de la partie du canal où se produit cette altération, mais de celle de la partie antérieure. Ainsi, par exemple, dans une portion AB en amont, les eaux saturées n'ont rien pris ni rien déposé, parce que la section ne changeait pas la courbe des vitesses; dans la partie suivante BC elles ont déposé parce que la pente ou la hauteur a diminué, par cela même la partie d'aval CD s'approfondira, quoique la section soit exactement la même qu'en AB, où rien de semblable ne se passe; mais en AB les eaux arrivent saturées, tandis qu'en CD, elles arrivent avec une puissance de suspension supérieure à ce qu'elles portent. On pourrait produire un atterrissement dans cette partie en changeant la section intermédiaire BC, de manière que la puissance de suspension y fut plus grande qu'en CD. En général, il y a dépôt toutes les fois que la puissance de suspension diminue et approfondissement toutes les fois qu'elle augmente. Ces deux effets peuvent donc avoir lieu dans une section quelconque en changeant convenablement celle d'amont.

On remarquera que toutes les fois qu'il y a diminution dans la puissance de suspension, et par conséquent dépôt, ce dépôt ne se fait pas aux dépens de toutes les couches proportionnellement à ce qu'elles portent, c'est-à-dire que si la puissance de suspension représentée par 12, descend à 8, les couches ne déposeront pas chacune le tiers de leur volume; les couches inférieures déposeront seules et prendront ensuite aux couches supérieures ce qui dépasse leur degré actuel de saturation.

Il suit de là que les dépôts doivent présenter un certain ordre dans l'arrangement des solides qu'ils contiennent, que les cailloux, le gravier et le sable doivent former des espèces de lits distincts, sous l'influence du triage opéré par les divers degrés de puissance de suspension du courant depuis le fond jusqu'à la surface; et c'est, en effet, ce qu'on remarque partout, même dans les alluvions anciennes dont s'occupe la géologie. Or si on admettait que les cailloux, le gravier et le sable ont été uniquement roulés sur le fond, il résulterait de cette action que les terrains d'alluvion ne seraient qu'un mélange, un pêle-mêle de solides de toute nature et de toutes dimensions, tout-à-fait différent de l'arrangement systématique qu'on rencontre aujourd'hui. Les légères anomalies même que présente cet arrangement confirment cette théorie; ainsi un banc de cailloux qui se trouve dans un terrain d'alluvion, contient ordinairement un peu de gravier ou de sable dont la présence parmi des solides d'un volume plus considérable s'explique parfaitement par ce que nous avons dit sur la manière dont l'équilibre peut s'établir, soit au moyen du volume des solides, soit au moyen de leur distance. Quant aux formes arrondies qu'affectent les cailloux et les galets, et qui semblent indiquer qu'ils ont été roulés et non pas transportés, nous ferons observer que la suspension n'exclut nullement cette action d'entraînement sur le fond, qui a toujours lieu simultanément, surtout vers la source du cours d'eau, sur les flancs escarpés des montagnes, d'où se sont détachés d'abord les quartiers de rochers, qui successivement brisés en fragments plus petits ont été ensuite roulés, puis enfin transportés beaucoup plus loin à l'aide de la puissance de suspension du courant. Il faut remarquer d'ailleurs que, même dans l'état de suspension, les solides outre le mouvement de translation général du courant ont une infinité d'autres mouvements qui résultent des variations continuelles qu'éprouve la puissance de suspension des filets qui les portent, variations qui font sans cesse monter ou descendre les solides suspendus; de là des chocs perpétuels qui tendent à les arrondir et à les briser. Non seulement il y a des mouvements de bas en haut, mais des mouvements transversaux, car la courbe des vitesses dans le sens transversal éprouve aussi de nombreuses variations. On doit même remarquer que l'action de cette courbe transversale est de porter les alluvions des rives vers le centre, que c'est à cette cause surtout que doivent être attribuées les îles qui se sont formées quelquefois au milieu du lit des grandes eaux aux dépens des rives.

Cette théorie explique parfaitement comment en faisant des plantations sur un attérissement, on provoque de nouveaux dépôts qui en augmentent la hauteur; en effet, les tiges des plantations en pénétrant dans les couches inférieures du courant, égalisent leurs vitesses, diminuent leur puissance de suspension et précipitent ainsi les matières qu'elles tiennent suspendues. Lorsqu'on n'a égard qu'au seul mouvement d'entraînement sur le fond, on ne peut que difficilement expliquer ce résultat, ainsi que beaucoup d'autres que présentent les cours d'eau. Aussi sur ces questions y a-t-il une grande diversité d'opinions parmi les Ingénieurs. Citons encore M. Minard (*page 19*) :

« On objecte au transport des cailloux la permanence
» des bas-fonds, dans lesquels, dit-on, ces matériaux, trou-
» vant moins de vitesse, s'arrêteraient et s'accumuleraient
» d'autant plus que, pour en sortir, ils devraient remonter
» sur le plan incliné des seuils.

» Quant à cette dernière difficulté, on a répondu que les
» cailloux n'avaient pas à la vaincre, qu'il ne fallait pas
» juger du profil du Thalweg des hautes eaux, par celui
» qui existe à l'étiage; que des corps qu'on avait enfouis
» dans les hauts fonds avant une grande crue ne s'y étaient

» plus retrouvés après, ce qui prouvait qu'un nouveau » banc reformé succédait au précédent, qu'ainsi pendant » les crues tous les hauts fonds étaient emportés, et que » sur le lit ainsi aplani les cailloux voyageaient facile- » ment. Mais cette observation, juste en plusieurs localités, » ne peut s'appliquer aux hauts fonds de roches et au gla- » cis des déversoirs que les cailloux franchissent.

» La permanence de ces mouilles, que nous retrouve- » rons ainsi en amont des barrages artificiels, est, en effet, » un phénomène très-remarquable et *inexpliqué* jusqu'à » présent; mais comme les matériaux qu'on y a jetés quel- » quefois n'y sont pas restés, comme on sait que les passes » ouvertes dans les hauts fonds rocheux de quelques riviè- » res, la Garonne, par exemple, se trouvent souvent com- » blées après les crues par des cailloux qui ont nécessai- » rement traversé la mouille en amont, laquelle conserve » cependant sa profondeur, on est forcé de reconnaître que » l'objection n'est pas concluante. »

118. Nous avons déjà parlé de cette opinion, qui suppose que pendant les crues tous les hauts fonds sont emportés et que le lit se trouve aplani. Il suffit d'y réfléchir un instant pour reconnaître qu'elle est inadmissible. Si tous les hauts fonds étaient emportés, si toute la partie mobile du lit se trouvait enlevée pendant les crues, elle descendrait le cours d'eau avec la même vitesse que le courant; en quelques jours le lit se trouverait complètement balayé, et il serait impossible que de nouveaux hauts fonds fussent déposés, qu'un lit complètement semblable à l'ancien se formât aux dépens des rives ou des terrains supérieurs, sans qu'un pareil déblais vers la source ou un pareil dépôt vers l'embouchure ne fut apparent à tous les

yeux. Or, quoique ce transport de matières de la source à l'embouchure existe effectivement, il est beaucoup trop lent, beaucoup trop insensible pour qu'il puisse être confondu avec celui qui serait la conséquence de la disparition complète de tous les hauts fonds. Dans plusieurs parties la Loire présente des épaisseurs de sable de 10^m, 16^m, 18^m au-dessous de l'étiage, comment supposer qu'à chaque crue de pareilles épaisseurs disparaissent et se reforment? Il en résulterait d'ailleurs dans la vitesse et dans la pente à la surface des modifications qui ne pourraient échapper aux observations les plus grossières. Notre théorie explique parfaitement les phénomènes signalés par M. Minard. Les cailloux n'étant plus roulés sur le fond, mais suspendus dans le courant, les mouilles ne sont pas un obstacle à leur transport. Au contraire une mouille permanente dans un cours d'eau est l'indice certain qu'il y a en ce point et en amont le concours permanent des circonstances de pente et de section qui augmentent la puissance de suspension. Grâce à l'approfondissement qu'a amené cette puissance absorbante elle s'est limitée, mais comblez la mouille et elle se reproduira nécessairement, car en la comblant on détruit l'équilibre, l'eau n'est plus saturée et elle se sature aux dépens du fond. De même un haut fonds permanent est l'indice certain que les eaux ont en ce point moins de puissance de suspension que dans la partie supérieure. Enlevez, draguez ce haut fonds, ce travail diminuera la puissance de suspension, les eaux sursaturées déposeront jusqu'à ce qu'elles aient ramené la section à la forme d'équilibre. C'est ce que confirme l'expérience: « Chaque année » dit M. Minard, on tire du fond de la Seine, vis-à-vis l'île » Louviers, environ 8000^{mc} de gravier, sans que ce point » augmente de profondeur. » Nous pourrions citer de nombreux exemples de faits semblables dans d'autres rivières, qui sur certains points servent de carrières et fournissent annuellement d'énormes quantités de sable, de gravier ou de cailloux sans que ces extractions continuelles en changent la section.

119. Concurremment avec ces parties du cours d'eau qui présentent des mouilles ou des hauts fonds permanents, d'autres parties plus nombreuses deviennent tour-à-tour des hauts fonds ou des mouilles. Or si on réfléchit aux nombreuses irrégularités de la section des grandes eaux, qui n'est qu'une suite d'étranglements et d'élargissements, de sinuosités plus ou moins prononcées, et cela d'une manière très-différente suivant la hauteur des crues, on se rendra facilement compte de la variété des effets par la variété des causes. Ainsi, par une crue de 3^m un dépôt se forme sur un point, parce que la section présente près de ce point un étranglement et qu'il y a cataracte à la surface, ce qui détruit l'inégalité des vitesses, si la crue ne dépasse pas les 3^m vous trouverez en ce point un dépôt; mais si la crue atteint 4^m, 5^m, 6^m, les circonstances vont changer, le fleuve en débordant change les rapports entre les sections au lieu d'un étranglement il y a élargissement, de là un affouillement au lieu d'un dépôt, si la baisse de la crue se fait assez rapidement pour que la hauteur 3^m ne comble pas l'affouillement causé par la hauteur 5^m. On voit donc que non-seulement les résultats sont influencés par la hauteur des crues, mais par leur durée dans chaque hauteur. D'ailleurs pour prévoir toutes les variations que doit subir le lit du cours d'eau sous l'influence d'une crue déterminée, il ne suffirait pas de calculer les effets de la puissance de suspension, il faudrait les combiner avec ceux de la puissance

d'entraînement. Or cette force dépend de circonstances complètement différentes : elle croît avec la vitesse absolue du cours d'eau et avec les pentes accidentelles du fond, de sorte que tantôt ses effets s'ajoutent à ceux de la puissance de suspension, tantôt ils les détruisent. Ainsi un étranglement prononcé produit une cataracte à la surface, égalise les vitesses et par conséquent précipite les matières en suspension, mais ces matières tombées sur le fond y sont entraînées par le courant rapide que l'étranglement produit sur le fond (N° 46). Delà ces attérissements qui se trouvent à l'aval de beaucoup de ponts et qui souvent dragués se reproduisent sans cesse. La crue en diminuant de hauteur détruit la puissance de suspension, mais laisse subsister la puissance d'entraînement, de sorte que le lit formé pendant la crue par l'action combinée de ces deux forces subit de nouvelles variations, pendant les eaux basses, sous l'influence d'une seule.

Nous en avons assez dit pour expliquer l'extrême mobilité du lit de certains cours d'eau, on peut y ajouter cependant une cause plus variable et plus incertaine encore. On a vu au commencement de ce chapitre (N° 99), quelle était l'influence du vent sur la courbe des vitesses; et, en se reportant à ce que nous avons dit sur ce sujet, on reconnaîtra que le vent qui souffle dans le sens du courant augmente la puissance de suspension et que celui qui souffle dans le sens contraire la diminue. Voilà donc un élément nouveau qui échappe, il faut bien le reconnaître, à toute espèce de calcul, à toute espèce de prévision. Si donc d'une part la théorie que nous venons d'exposer, nous paraît donner d'une manière assez satisfaisante l'explication simple et naturelle de tous les phénomènes que présentent les cours d'eau à fond mobile, nous croyons qu'en ce qui concerne la prévision des résultats, elle ne fournit d'autre enseignement, que de faire connaître l'immense difficulté et peut-être l'impossibilité d'une solution. Tant que les rives, tant que le fond d'un cours d'eau ne sont pas fixés, le résultat des travaux entrepris dans le lit pour en améliorer le profil dans l'intérêt de la navigation sera complètement incertain. On pourrait citer sans doute d'heureux succès obtenus, mais nous pourrions leur opposer des erreurs non moins nombreuses. Or c'est précisément ce mélange de réussite et d'insuccès qui prouve l'impuissance de la science; on serait plus près d'atteindre la vérité, si on s'était toujours trompé. Nous croyons donc qu'en ces circonstances, l'Etat et les Ingénieurs doivent s'imposer la plus grande réserve dans l'exécution des travaux, parce qu'à côté de la chance d'améliorer le lit du cours d'eau, il y a le danger de le rendre encore plus difficile.

120. Quant à l'influence de la mobilité du lit sur la position de la surface de l'eau dans les crues, elle se réduirait dans notre théorie à quelques inflexions locales qui feraient serpenter la surface réelle du cours d'eau alternativement au-dessus et au-dessous de la surface donnée par le calcul; de manière que si on considère deux sections voisines et qu'on veuille déterminer par le calcul la différence de niveau qui les sépare, on pourra commettre une erreur grossière, parce que ces deux sections considérées isolément ont pu considérablement changer de profondeur pendant la crue. Mais si on considère le cours d'eau dans une grande étendue, la théorie précédente fait voir que la profondeur moyenne n'y éprouve pas de variation sensible; si sur un point le fond s'exhausse, un peu plus loin il s'abaisse nécessairement, de sorte qu'il s'établit une com-

pensation à peu près complète. On peut donc dans une rivière à fond mobile se rendre compte de la position de la surface de l'eau, avec la même exactitude pratique que dans les autres cours d'eau, au moyen des formules présentées dans les chapitres précédents, en ne perdant pas de vue que les variations accidentelles des sections peuvent déplacer la surface de quelques centimètres. Nous serions arrivé à une conclusion toute différente, si nous avions admis avec M. Minard que dans plusieurs localités tous les hauts-fonds sont emportés et que le lit est complètement aplani. Un pareil agrandissement de la section dans les crues, n'aurait pas permis de supposer dans les calculs l'invariabilité du lit, et il aurait fallu déclarer que dans ces circonstances le calcul ne pouvait rendre aucun service à l'art de l'Ingénieur.

Nous ne pousserons pas plus loin l'examen de ces questions importantes. Peut-être regrettera-t-on que nous n'ayons pas donné des formules, claires, précises qui repondent aux besoins de la pratique, comme le font les formules de l'algèbre, lorsqu'on a donné une valeur aux quantités qu'elles contiennent. Il serait commode sans doute de trouver dans une table le débouché du pont qu'on projette, au moyen de colonnes qui donneraient le volume et la vitesse des eaux, ou de déterminer la hauteur et la largeur d'un endiguement au moyen de formules même très-compliquées; mais si d'une part nous croyons qu'on peut aller beaucoup plus loin que nous ne l'avons fait dans ces Etudes, que nous regardons comme bien incomplètes, nous sommes convaincu aussi que rien n'est plus faux et plus dangereux que la méthode qui consiste à résoudre tous les problêmes que présentent les travaux publics au moyen de l'application exclusive de certaines formules algébriques. Non pas que nous pensions qu'on peut se passer des mathématiques, nous les regardons, au contraire, comme indispensables pour fournir certains éléments de la question, pour calculer des effets, des résultats qu'il faut nécessairement prévoir; mais elles sont tout-à-fait insuffisantes pour combiner certaines données fournies par l'analyse avec d'autres qui ne se prêtent pas à des calculs de même nature, et pour en faire sortir la meilleure solution. Les formules ne sont que des outils que doit diriger l'intelligence et qui ne peuvent jamais la remplacer.

APPENDICE.

TABLES POUR LE CALCUL DES HAUTEURS ET DES LONGUEURS DE REMOUS.

Les tables suivantes ne s'appliquent qu'aux cours d'eau dont la largeur est assez grande pour qu'on puisse négliger la hauteur des bords par rapport à cette largeur. Pour les petits cours d'eau ou dans les canaux d'expérience, dans lesquels cette circonstance n'a pas lieu, il faut se servir des formules générales données, pour le remous de gonflement au N° 59, pour le remous de dépression au N° 73, ou de la formule simplifiée (1) N° 72.

La section du canal dans lequel coule le cours d'eau est supposée constante dans toute l'étendue du remous à déterminer. S'il y avait de trop grandes variations de profil, on en tiendrait compte en divisant la longueur du canal en plusieurs parties de dimensions différentes, et chacune de ces parties deviendrait l'objet d'un calcul distinct auquel l'usage des tables est applicable.

La première opération à faire pour se servir des tables, c'est de convertir la section irrégulière du cours d'eau en une section rectangulaire ayant même pente, même largeur et même débit. La hauteur que prendrait le courant dans ce rectangle, et qu'on appelle hauteur du régime uniforme est donnée par l'équation :

$$Hi = \alpha U + \beta U^2 \qquad (1)$$

on prendra pour α et β les valeurs numériques citées à la p. 49; le nivellement donnera i pente du cours d'eau ; la vitesse moyenne s'obtiendra en prenant les $\frac{4}{5}$ de la vitesse du filet central, ou le rapport $\frac{Q}{\Omega}$ si on connaît le débit Q. La largeur et les surfaces des sections du cours d'eau étant irrégulières, on prendra des moyennes entre ces quantités. On devra comparer la valeur de H donnée par l'équation précédente avec celle du rapport $\frac{\Omega}{\chi}$ fournies par diverses sections; la coïncidence des valeurs sera une garantie de l'exactitude du résultat. On fera bien d'ailleurs dans les questions pratiques de faire les calculs dans l'hypothèse des deux valeurs extrêmes de H, on aura ainsi la limite des erreurs possibles.

Les calculs très-simples que nécessite l'équation (1) peuvent être évités au moyen des tables qu'on trouve dans tous les traités d'hydraulique (*Recueil de tables de Genieys*, *page* 149) et qui donnent les valeurs de Hi correspondant à celles de U.

Le cours d'eau étant défini par sa pente i et la hauteur H du régime uniforme, tout problême pratique de remous est toujours ramené à un des trois suivants :

1° Connaissant la hauteur de remous en aval Y, la hauteur de remous en amont y, déterminer la distance s qui les sépare.

2° Connaissant la hauteur de remous en aval Y et la distance s, déterminer le remous en amont y.

5° Connaissant le remous en amont y, la distance s, déterminer le remous à l'aval Y.

Pour résoudre ces problêmes au moyen des tables suivantes, il faut d'abord convertir les hauteurs de remous données en hauteurs de remous tabulaires, en les divisant par la hauteur du régime uniforme du cours d'eau, et la distance donnée en distance tabulaire en la multipliant par la pente et la divisant par la hauteur du régime uniforme. Cette opération a pour but de transporter le problème du cours d'eau donné au cours d'eau qui sert de base aux calculs des tables.

La 1re colonne des tables représente la hauteur du remous sur ce cours d'eau ; la 2me, la distance au point arbitraire pris pour origine (ce point est dans les tables suivantes à 0,0067 en amont du remous de gonflement $0^m,01$). On voit donc qu'en retranchant les distances à l'origine de deux remous, on a la distance qui les sépare, et qu'en retranchant de la distance tabulaire d'un remous ou en y ajoutant la distance à un autre remous, on a la distance à l'origine du remous cherché, et par conséquent ce remous lui-même, en prenant dans la table la hauteur écrite en regard.

Le problème est ainsi résolu, sur le cours d'eau des tables ; pour le résoudre sur le cours d'eau donné, il suffit de multiplier les hauteurs trouvées par la hauteur H du régime uniforme et les distances trouvées par cette hauteur divisée par la pente.

Exemples : 1er *Problème.* — Sur le cours d'eau dont la hauteur du régime uniforme est $1^m,05$ et la pente par mètre est 0,000115, on a fait un barrage à l'aval, qui a relevé les eaux de $1^m,50$, on demande à quelle distance ce remous sera réduit à $0^m,60$.

Voir la *Solution* (N° 63).

2me *Problème.* — Sur ce même cours d'eau, on a relevé les eaux en un certain point de $1^m,50$, on demande quel sera la hauteur de remous à 9137^m en amont.

Solution. — De la distance tabulaire du remous

$\frac{1,50}{1,05} = 1,43$. 2,7586

(Voir la note de la p. 108 pour le calcul de cette distance.)

on retranche la distance tabulaire entre les deux remous:

$\frac{9137 \times 0,000.115}{1,05}$ 1,0007

et on obtient la distance tabulaire de l'ordonnée cherchée. 1,7579

Cherchant dans la table l'ordonnée tabulaire qui correspond à cette distance, nous trouvons $0^m,57$, qui multipliés par $1^m,05$ donnent $0^m,60$ pour solution du problême.

3me *Problème.* — Sur le même cours d'eau, on veut relever des eaux de $0^m,60$ en un point, au moyen d'un barrage construit à 9137^m à l'aval, on demande quelle hauteur doit avoir ce barrage?

Solution. — A la distance tabulaire du remous

$\frac{0,60}{1,05} = 0,57$. 1,7579

on ajoute la distance tabulaire entre les deux remous:

$\frac{9137 \times 0,000115}{1,05}$ 1,0007

et on obtient la distance tabulaire de l'ordonée cherchée. 2,7586

Cette distance correspond dans les tables au remous 1,43, qui multiplié par 1^m05, donne 1^m50 pour solution du problême.

Les questions relatives au remous de dépression se résolvent absolument de la même manière. Nous croyons inutile d'en donner des exemples numériques spéciaux, on en trouvera d'ailleurs aux N°s 74 et 85.

Si le cours d'eau a été divisé en plusieurs parties de longueurs et de pentes différentes, il faut partir de l'ordonnée connue soit à l'amont, soit à l'aval et déterminer le remous qui a lieu au changement de section immédiatement supérieur ou inférieur, et ainsi de suite jusqu'à ce qu'on arrive au remous ou à la distance à déterminer.

—

Hauteur du remous au-dessus du régime uniforme. $\frac{y}{H}$	DISTANCE de la HAUTEUR DU REMOUS $\frac{y}{H}$ à l'origine DE LA TABLE. $\frac{is}{H}$	DISTANCE de la HAUTEUR DU REMOUS $\frac{y}{H}$ AU REMOUS précédent	Hauteur du remous au-dessus du régime uniforme. $\frac{y}{H}$	DISTANCE de la HAUTEUR DU REMOUS $\frac{y}{H}$ à l'origine DE LA TABLE. $\frac{is}{H}$	DISTANCE de la HAUTEUR DU REMOUS $\frac{y}{H}$ AU REMOUS précédent.
m 0,01	m. 0,0067		0,33	1,3964	0,0175
0,02	0,2444	0,2377	0,34	1,4136	0,0172
0,03	0,3863	0,1419	0,35	1,4306	0,0170
0,04	0,4889	0,1026	0,36	1,4473	0,0167
0,05	0,5701	0,0811	0,37	1,4638	0,0165
0,06	0,6376	0,0675	0.38	1,4801	0,0162
0,07	0,6958	0,0582	0,39	1,4961	0,0160
0,08	0,7472	0,0513	0,40	1,5119	0,0158
0,09	0,7933	0,0461	0,41	1,5276	0,0156
0,10	0,8353	0,0420	0,42	1,5430	0,0155
0,11	0,8739	0,0387	0,43	1,5583	0,0153
0,12	0,9098	0,0359	0,44	1,5734	0,0151
0,13	0,9434	0,0336	0,45	1,5884	0,0150
0,14	0,9751	0,0316	0,46	1,6032	0,0148
0,15	1,0051	0,0300	0,47	1,6178	0,0146
0,16	1,0335	0,0285	0,48	1,6324	0,0146
0,17	1,0608	0,0272	0,49	1,6468	0,0144
0,18	1,0868	0,0261	0,50	1,6611	0,0143
0,19	1,1119	0,0251	0,51	1,6752	0,0142
0,20	1,1361	0,0242	0,52	1,6893	0,0140
0,21	1,1594	0,0233	0,53	1,7032	0,0139
0,22	1,1820	0,0226	0,54	1,7170	0,0138
0,23	1,2040	0,0219	0,55	1,7307	0,0137
0,24	1,2253	0,0213	0,56	1,7444	0,0136
0,25	1,2460	0,0208	0,57	1,7579	0,0135
0,26	1,2663	0,0202	0.58	1,7713	0,0134
0,27	1,2860	0,0198	0,59	1,7847	0,0134
0,28	1,3053	0,0193	0,60	1,7980	0,0133
0,29	1,3243	0,0189	0,61	1,8112	0,0132
0,30	1,3428	0,0185	0,62	1,8243	0,0131
0,31	1,3610	0,0182	0,63	1,8373	0,0130
0,32	1,3788	0,0178	0,64	1,8502	0,0129

Hauteur du remous au-dessus du régime uniforme. $\frac{y}{H}$	DISTANCE de la HAUTEUR DU REMOUS $\frac{y}{H}$ à l'origine DE LA TABLE. $\frac{is}{H}$	AU REMOUS précédent.	Hauteur du remous au-dessus du régime uniforme. $\frac{y}{H}$	DISTANCE de la HAUTEUR DU REMOUS $\frac{y}{H}$ à l'origine DE LA TABLE. $\frac{is}{H}$	AU REMOUS précédent.
m.	m				
0,65	1,8631	0,0129	0,93	2,2033	0,0116
0,66	1,8759	0,0128	0,94	2,2149	0,0116
0,67	1,8887	0,0128	0,95	2,2265	0,0116
0,68	1,9014	0,0127	0,96	2,2381	0,0115
0,69	1,9140	0,0126	0,97	2,2496	0,0115
0,70	1,9266	0,0126	0,98	2,2611	0,0115
0,71	1,9391	0,0125	0,99	2,2725	0,0115
0,72	1,9516	0,0125	1,00	2,2840	0,0114
0,73	1,9640	0,0124	1,10	2,3971	0,1113
0,74	1,9764	0,0124	1,20	2,5083	0,1112
0,75	1,9887	0,0123	1,30	2,6179	0,1096
0,76	2,0010	0,0123	1,40	2,7264	0,1085
0,77	2,0132	0,0122	1,50	2,8337	0,1073
0,78	2,0254	0,0122	1,60	2,9401	0,1064
0,79	2,0375	0,0121	1,70	3,0458	0,1057
0,80	2,0496	0,0121	1,80	3,1508	0,1050
0,81	2,0617	0,0120	1,90	3,2553	0,1045
0,82	2,0737	0,0120	2,00	3,3594	0,1041
0,83	2,0856	0,0120	2,10	3,4631	0,1037
0,84	2,0976	0,0119	2,20	3,5564	0,1033
0,85	2,1095	0,0119	2,30	3,6694	0,1030
0,86	2,1213	0,0118	2,40	3,7720	0,1026
0,87	2,1331	0,0118	2,50	3,8745	0,1025
0,88	2,1449	0,0118	2,60	3,9768	0,1023
0,89	2,1566	0,0117	2,70	4,0789	0,1021
0,90	2,1684	0,0117	2,80	4,1808	0,1019
0,91	2.1801	0,0117	2,90	4,2826	0,1018
0,92	2,1917	0,0117	3,00	4,3843	0,1016

Abaissement au-dessous de la hauteur du régime uniforme. $\frac{y}{H}$	DISTANCE de L'ABAISSEMENT $\frac{y}{H}$ à l'origine DE LA TABLE. $\frac{is}{H}$	A l'abaissement précédent.	Abaissement au-dessous de la hauteur du régime uniforme. $\frac{y}{H}$	DISTANCE de L'ABAISSEMENT $\frac{y}{H}$ à l'origine DE LA TABLE. $\frac{is}{H}$	A l'abaissement précédent.
m.	m.				
0,01	—0,0067		0,33	0,9591	0,0045
0,02	0,2287	0,2354	0,34	0,9632	0,0040
0,03	0,3463	0,1176	0,35	0,9671	0,0039
0,04	0,4356	0,0893	0,36	0,9708	0,0037
0,05	0,5034	0,0678	0,37	0,9742	0,0034
0,06	0,5577	0,0542	0,38	0,9775	0,0032
0,07	0,6025	0,0449	0,39	0,9805	0,0030
0,08	0,6405	0,0380	0,40	0,9833	0,0028
0,09	0,6733	0,0328	0,41	0,9860	0,0027
0,10	0,7020	0,0287	0,42	0,9885	0,0025
0,11	0,7273	0,0253	0,43	0,9909	0,0023
0,12	0,7500	0,0226	0,44	0,9931	0,0022
0,13	0,7703	0,0203	0,45	0,9951	0,0021
0,14	0,7886	0,0183	0,46	0,9971	0,0019
0,15	0,8053	0,0167	0,47	0,9989	0,0018
0,16	0,8205	0,0152	0,48	1,0006	0,0017
0,17	0,8344	0,0139	0,49	1,0022	0,0016
0,18	0,8473	0,0128	0,50	1,0037	0,0015
0,19	0,8591	0,0118	0,51	1,0050	0,0014
0,20	0,8700	0,0109	0,52	1,0063	0,0013
0,21	0,8801	0,0101	0,53	1,0075	0,0012
0,22	0,8895	0,0094	0,54	1,0087	0,0011
0,23	0,8982	0,0087	0,55	1,0097	0,0010
0,24	0,9063	0,0081	0,56	1,0107	0,0010
0,25	0,9138	0,0075	0,57	1,0116	0,0009
0,26	0,9209	0,0071	0,58	1,0125	0,0008
0,27	0,9275	0,0066	0,59	1,0133	0,0008
0,28	0,9336	0,0061	0,60	1,0140	0,0007
0,29	0,9394	0,0058	0,70	1,0176	0,0036
0,30	0,9448	0,0054	0,80	1,0199	0,0023
0,31	0,9498	0,0050	0,90	1,0203	0,0005
0,32	0,9546	0,0048	1,00	1,0203	0,0000

EXTRAITS

DU

TOME 20 DES COMPTES-RENDUS DES SÉANCES

DE L'ACADÉMIE DES SCIENCES.

(*Page 150*).

HYDRODYNAMIQUE. — Mémoire sur le mouvement rectiligne et uniforme des eaux en ayant égard aux différences de vitesse des filets ; par M. Sonnet.

(Commissaires : MM. Poncelet, Piobert, Lamé, Morin).

La question du mouvement des eaux, dit l'auteur dans la lettre jointe à son Mémoire, peut être regardée comme résolue au point de vue pratique (*) depuis les travaux de MM. de Prony, Eytelwein, Poncelet, Bélanger, de Saint-Guilhem, Vauthier et Coriolis. Mais la théorie ordinaire ne considère que la vitesse moyenne, et M. Navier est le seul géomètre qui ait tenté d'avoir égard aux différences de vitesse des filets. Malheureusement il n'a donné qu'un petit nombre de résultats qui ne s'accordent pas tous avec l'observation.

Je me suis proposé de modifier les hypothèses et l'analyse de M. Navier, de manière à pouvoir, sans prétendre expliquer

(*) Nous croyons qu'au point de vue pratique la question n'est pas plus résolue qu'au point de vue théorique. Nous avons signalé dans cet ouvrage de nombreuses lacunes qu'il serait essentiel de combler.

le phénomène moléculaire de la résistance, le présenter du moins d'une manière satisfaisante. J'indiquerai en peu de mots les principaux résultats auxquels je suis parvenu.

La résistance des parois serait représentée par une fonction impaire de la vitesse (*), l'expression ordinaire $av + bv^2$ ne serait qu'une formule d'interpolation.

Dans les courants à section circulaire, la vitesse des différentes couches irait en décroissant de l'axe à la paroi, comme les ordonnées d'une parabole. La vitesse moyenne serait, comme l'a trouvé Dubuat, une moyenne arithmétique entre la vitesse centrale et la vitesse près de la paroi. Il en résulte que le rapport $\frac{U}{V}$ entre la vitesse moyenne et la vitesse la plus grande, serait compris entre $\frac{1}{2}$ et 1. En appelant W la vitesse près de la paroi, on aurait pour déterminer W et U, les deux équations :

$$aW + bW^2 = \frac{1}{2}Ri \quad \text{et} \quad U = W + \frac{\Pi R^2 i}{8\varepsilon}$$

dans lesquelles i est la pente ou la charge, Π le poids du mètre cube du fluide, et a, b, $\frac{1}{\varepsilon}$ des constantes. Ces équations appliquées aux expériences de Couplet sur les conduites de Versailles en prenant $a = 0{,}0000194$, $b = 0{,}00037$ et $\frac{1}{\varepsilon} = 3{,}2$, donnent des erreurs proportionnelles inférieures à $\frac{1}{34}$; tandis que, par les formules ordinaires, elles s'élèvent à plus de $\frac{1}{12}$. On représente les expériences de Bossut et de Dubuat, en

(*) Nous ignorons par quelles considérations M. Sonnet a pu conclure que la résistance des parois doit être représentée par une fonction *impaire* de la vitesse. Il nous semble que l'expérience seule peut décider cette question.

prenant : $a=0,000024$ et $b=0,000286$. Ces coëfficients ont été obtenus par la méthode des moindres carrés. Si la section du courant est rectangulaire, les résultats sont moins simples ; mais je fais voir qu'on peut représenter approximativement la loi générale des vitesses par une équation de la forme :

$$u=V-px^2-qy^2$$

dont je fais l'application aux quatre séries d'expériences de M. Defontaine sur une section du Rhin. Cette forme indique que la loi des vitesses soit dans une même verticale, soit à une même profondeur peut être représentée par une parabole, et que les molécules animées des mêmes vitesses sont sur des ellipses concentriques et semblables. On prouve que la vitesse moyenne s'obtient en prenant deux fois la vitesse au milieu de la ligne d'eau, ajoutant la vitesse de fond près des rives et divisant la somme par 3, d'où il suit que le rapport $\frac{U}{V}$ serait compris entre $\frac{2}{3}$ et 1.

Ces valeurs moyennes de $\frac{U}{V}$ s'éloignent peu de 0,8, adopté par M. de Prony.

J'ai recherché également la valeur du coëfficient par lequel il faut multiplier la force vive due à la vitesse moyenne pour obtenir la force vive totale, j'ai trouvé que ses limites extrêmes étaient 1 et $\frac{1}{3}$. Son expression dans le cas d'une section circulaire serait $1+\frac{1}{3}\left(\frac{V}{U}-1\right)^2$

Enfin dans le cas où le courant a une section quelconque, j'indique comment, ayant observé la loi des vitesses sur la ligne d'eau, on pourrait en déduire toutes les circonstances du mouvement.

(*Page 786*).

HYDRAULIQUE. — Rapport sur un Mémoire de M. Sonnet. (Commissaires : MM. Poncelet, Piobert, Morin, Lamé rapporteur).

L'Académie nous a chargés, MM. Poncelet, Piobert, Morin et moi, de lui faire un rapport sur un Mémoire présenté par M. Sonnet, et relatif au mouvement rectiligne et uniforme des eaux, en ayant égard aux différences de vitesse des filets. Un grand nombre d'Ingénieurs se sont occupés du mouvement des eaux, soit dans les tuyaux de conduite, soit dans les canaux et les rivières. Dès 1804, de Prony, profitant des essais et des expériences de Colomb, de Couplet, de Bossut et de Dubuat, résolut empiriquement le problême pour le cas du mouvement uniforme et rectiligne. En 1816, les formules de Prony furent modifiées par Eytelwein, qui détermina les constantes avec plus de précision, en s'appuyant sur un plus grand nombre d'expériences (*).

La question du mouvement permanent fut successivement traitée en 1828 par l'un de nous, M. Poncelet, et par M. Bélanger, qui étendit sa solution au cas des remous; en 1834, par M. de Saint-Guilhem; enfin en 1836, par M. Vauthier et par M. Coriolis. Par suite de ces recherches, les Ingénieurs possèdent ajourd'hui des formules empiriques (**), suffisamment exactes pour la plupart des cas qui peuvent s'offrir dans les applications.

Mais, sous le point de vue théorique, la question des eaux courantes est loin d'être aussi avancée, car les formules en usage

(*) Selon nous les constantes déterminées par Eytelwein ne sont pas plus exactes que celles de M. de Prony. (Voir le N° 34.)

(**) Ces formules sont complètement fausses et leur usage doit être banni de la pratique. (Voir p. 117 et suivantes.)

n'ont égard qu'à la vitesse moyenne et laissent complètement inconnue la loi suivant laquelle varie la vitesse d'un filet à un autre même dans le cas simple du mouvement permanent rectiligne. Dans un Mémoire inséré au tome VI des Mémoires de l'Académie, M. Navier a traité la question générale du mouvement des fluides dits incompressibles, en ayant égard aux forces d'adhérence. Mais ce savant géomètre n'a déduit du calcul qu'un très-petit nombre de résultats applicables ; tels que la vitesse moyenne pour un tuyau de très-petite section, et le rapport numérique de la vitesse moyenne à la plus grande vitesse pour un canal ouvert à section rectangulaire, rapport qui diffère notablement de celui donné par l'expérience.

M. Sonnet dans son Mémoire, a modifié l'hypothèse adoptée par M. Navier (*), et, se bornant au cas du mouvement permanent rectiligne, a obtenu plusieurs résultats analytiques très-simples faciles à vérifier par l'expérience. M. Navier avait supposé que l'action mutuelle de deux molécules, soit toutes les deux fluides, soit l'une fluide et l'autre sur la paroi, augmente ou diminue proportionnellement à la vitesse relative de ces molécules. M. Sonnet élargit le principe et prend, pour représenter l'action mutuelle, une fonction de la vitesse relative développable suivant les puissances entières de sa variable, et dont il conserve, suivant l'application, tantôt un seul, tantôt deux termes.

Les équations aux différences partielles obtenues par M. Navier sont de deux sortes : les unes du second ordre, appartiennent aux filets intérieurs et se réduisent à une seule pour le mouvement permanent, rectiligne, les autres du premier ordre appartiennent aux filets de la surface libre du liquide, ou à ceux qui sont voisins des parois. M. Sonnet déduit de son

(*) Voir les N°s 10, 11, 12 relativement aux diverses hypothèses admises pour représenter les résistances au mouvement des fluides.

hypothèse les mêmes équations pour les filets intérieurs, mais pour la surface des équations différentes et qui ne sont plus linéaires. L'auteur établit ces équations à l'aide de deux méthodes distinctes, de celle qu'a suivie M. Navier et d'une méthode plus élémentaire employée par M. Poncelet, l'une et l'autre conduisent aux mêmes résultats.

Le premier cas, traité par M. Sonnet est celui d'un courant rectiligne à section circulaire en admettant que les filets également éloignés du filet central soient animés de la même vitesse. L'auteur trouve, par l'intégration, que la vitesse va en diminuant depuis l'axe du tuyau jusqu'à la paroi, en suivant la même loi que les ordonnées d'une parabole ayant pour axe celui du tuyau, et dont la convexité serait tournée dans le sens du courant, la vitesse moyenne qui est à très-peu près égale à celle du filet distant de l'axe des $\frac{7}{10}$ du rayon, est exactement une moyenne arithmétique entre la vitesse du filet central et la vitesse près de la paroi.

En adoptant deux termes pour la fonction qui représente l'adhérence, et se servant des équations intégrales données par son analyse, M. Sonnet obtient pour la vitesse moyenne une formule contenant trois coëfficients constants, dont les valeurs doivent être spécialement déterminées pour chaque série d'expériences en faisant usage de la méthode des moindres carrés. Appliquée aux expériences de Couplet sur les conduites de Versailles, cette formule donne des nombres plus exacts que ceux déduits par Eytelwein. L'auteur applique encore sa formule à quarante-quatre expériences de Bossut et de Dubuat, et la comparaison des diverses valeurs obtenues pour les coëfficients le conduit à des conséquences vérifiées par les faits.

Dans son Mémoire sur l'écoulement de l'eau par des orifices, publié en 1829, M. Poncelet a démontré que la somme des forces vives d'une veine fluide quelconque surpasse la force vive due à la vitesse moyenne, c'est-à-dire que cette dernière doit être multipliée par un coëfficient plus grand que l'unité, pour donner la première somme (*); M. Sonnet donne l'expression analytique de ce coëfficient dans le cas d'une conduite à section circulaire, on voit que sa valeur surpasse d'autant plus l'unité que la vitesse du filet central est plus grande par rapport à la vitesse moyenne.

La seconde application traitée par M. Sonnet, concerne un canal découvert et rectiligne, dont la section est rectangulaire.

L'auteur suppose d'abord que les parois latérales n'apportent aucune résistance au mouvement du fluide. Dans ce cas hypothétique la vitesse ne dépend que de la profondeur au-dessous de la surface libre et diminue de cette surface au fond, comme les ordonnées d'une parabole ayant pour axe le filet supérieur, son plan vertical, et sa convexité tournés dans le sens du courant. La vitesse moyenne est une moyenne arithmétique entre trois quantités dont deux égales à la vitesse à la surface et la troisième à la vitesse de fond.

M. Sonnet aborde ensuite le cas où les parois latérales exercent sur le fluide une résistance analogue à celle du fond. Pour simplifier les équations différentielles qui appartiennent aux filets voisins de ces parois, l'auteur observant que la vitesse toujours très-petite en ce lieu y varie entre les limites peu éloignées, substitue à la fonction qui exprime la résistance un simple binôme du premier degré, ce qui revient à remplacer approximativement un arc de faible courbure par une ligne droite. Les deux coëfficients du binôme substitué peuvent être déterminés, soit par la méthode des moindres carrés qui rend ici

(*) Mais ce coëfficient étant variable, il arrive qu'en appliquant le même coëfficient à deux sections voisines, on exagère la différence des forces vives qui au contraire devrait être diminuée. (Voir les N°s 39 et suivants.)

égales entre elles les plus grandes erreurs absolues en plus et en moins; soit mieux encore en faisant usage de la méthode enseignée par M. Poncelet, pour obtenir l'égalité des plus grandes erreurs proportionnelles.

Après avoir ainsi modifié les équations différentielles, M. Sonet procède à leur intégration complète devenue possible. La vitesse du fluide dans le canal à section rectangulaire est alors exprimée par une fonction composée d'une partie algébrique et d'une partie transcendante. D'après cette expression les vitesses sur une même verticale décroissent de la surface au fond comme les ordonnées d'une courbe qui diffère d'autant plus d'une parabole que la verticale considérée est plus voisine des parois latérales. Les vitesses des filets situés à une même profondeur sont représentées par les ordonnées d'une chaînette qui tourne sa convexité dans le sens du courant. Ces résultats sont en général confirmés par l'expérience.

Pour rendre plus commode l'usage de l'équation que donne la vitesse, l'auteur ne conserve que les deux premiers termes du développement de sa partie transcendante. La vitesse est alors exprimée par trois termes, l'un constant et les deux autres respectivement proportionnels aux carrés des deux coordonnées. Ainsi simplifiée, la formule représente très-bien quatre séries d'expériences faites par M. Défontaine, sur le Rhin, dans un lieu où la section du fleuve s'éloigne peu d'un rectangle de $1^m,50$ de profondeur et d'environ 30 mètres de largeur. D'après cette formule approximative, la vitesse moyenne est égale à la moyenne arithmétique entre la vitesse du filet principal, la vitesse de fond au milieu du courant et la vitesse à la surface près de la paroi. Les filets d'égale vitesse forment des cylindres à base elliptique semblables entre eux, et ayant pour axe de similitude le filet principal.

Le cylindre qui se meut avec la vitesse moyenne contient deux filets symétriquement placés qui conservent les mêmes positions quelles que soient la pente du courant et la résistance de son lit, pourvu que les dimensions de sa section restent les mêmes; les plans coordonnés étant celui de la surface libre et le plan vertical qui passe en son milieu, l'abscisse et l'ordonnée de ces filets particuliers sont respectivement égales à la demi-largeur du courant et à sa profondeur, toutes deux divisées par $\sqrt{3}$.

Aux deux applications dont nous venons de résumer les principaux résultats, M. Sonnet joint quelques considérations sur le moyen de traiter le cas général d'un canal à section quelconque. Mais ce qui nous paraît surtout remarquable dans son Mémoire, ce sont les deux exemples bien choisis, par lesquels il démontre la possibilité de substituer avec avantage aux formules empiriques d'interpolation généralement employées par les hydrauliciens, des équations déduites de la théorie analytique du mouvement des fluides, et qu'on parvient à simplifier en profitant des moyens d'approximation que les circonstances indiquent d'elles-mêmes.

Sous ce point de vue, vos commissaires pensent que le travail de M. Sonnet est très-digne de l'approbation de l'Académie, ils vous proposent en conséquence d'engager l'auteur à poursuivre un genre de recherches dont l'utilité est incontestable, et d'ordonner la publication de son Mémoire dans le *Recueil des Savants étrangers*.

Les conclusions de ce rapport sont adoptées.

TABLE

DES MATIÈRES.

FIN DE LA TABLE.

Angers. — E. BARASSÉ, Imp.-Lib. 1848.

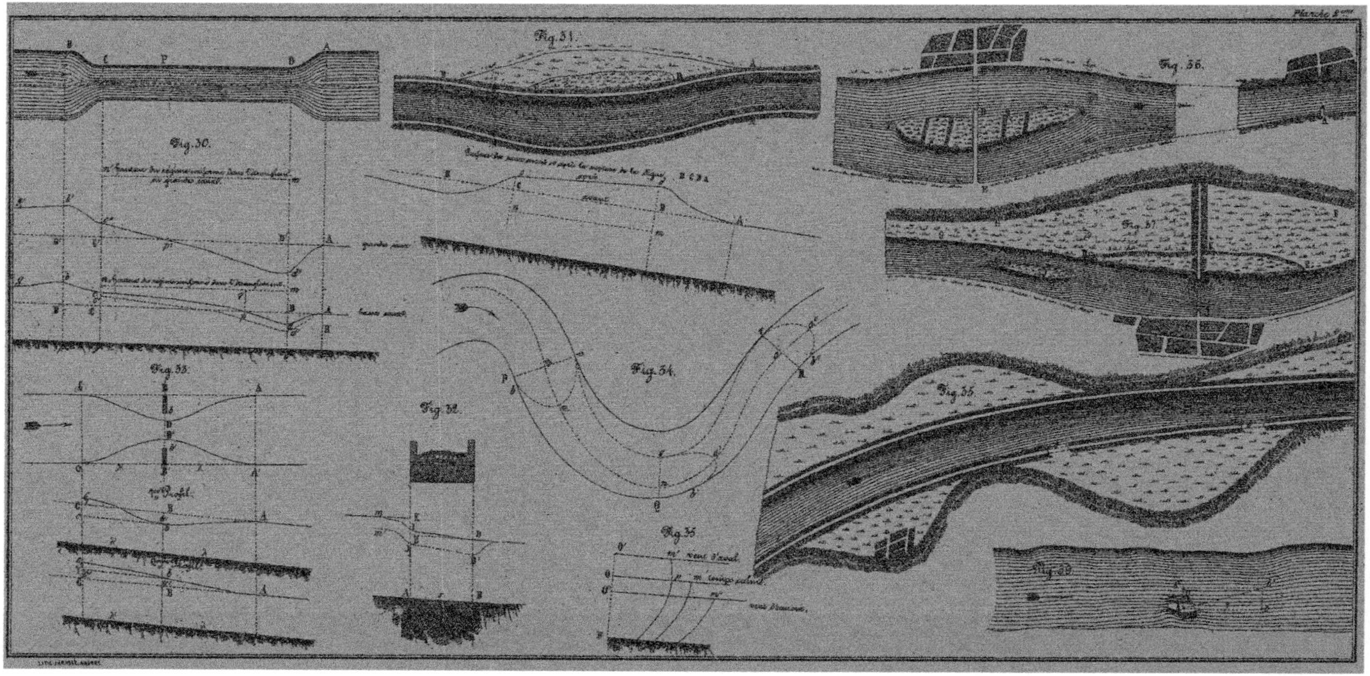
Fig. 30.
Fig. 31.
Fig. 32.
Fig. 33.
Fig. 34.
Fig. 36.
Fig. 37.

Planche pl.

Printed in Dunstable, United Kingdom

91220746R00167